中国轻工业“十四五”规划教材
“互联网+”新形态立体化教学资源特色教材

产品结构设计

Product Structure Design

张公明　赵晓丽　编著

中国轻工业出版社

图书在版编目（CIP）数据

产品结构设计 / 张公明，赵晓丽编著. —北京：
中国轻工业出版社，2025.8
ISBN 978-7-5184-4654-4

Ⅰ. ①产… Ⅱ. ①张… ②赵… Ⅲ. ①产品结构—结
构设计—高等学校—教材 Ⅳ. ①TB472

中国国家版本馆CIP数据核字（2023）第217395号

责任编辑：李　红　　责任终审：李建华　　整体设计：锋尚设计
策划编辑：李　红　　责任校对：朱燕春　　责任监印：张京华

出版发行：中国轻工业出版社（北京鲁谷东街5号，邮编：100040）
印　　刷：艺堂印刷（天津）有限公司
经　　销：各地新华书店
版　　次：2025年8月第1版第1次印刷
开　　本：889×1194　1/16　印张：10
字　　数：330千字
书　　号：ISBN 978-7-5184-4654-4　定价：59.80元
邮购电话：010-85119873
发行电话：010-85119832　010-85119912
网　　址：http://www.chlip.com.cn
Email：club@chlip.com.cn

220823J1X101ZBW

前言

习近平总书记在党的二十大报告中提出，推进文化自信自强，铸就社会主义文化新辉煌。全面建设社会主义现代化国家，必须坚持中国特色社会主义文化发展道路，增强文化自信，围绕举旗帜、聚民心、育新人、兴文化、展形象建设社会主义文化强国，发展面向现代化、面向世界、面向未来的，民族的、科学的、大众的社会主义文化，激发全民族文化创新创造活力，增强实现中华民族伟大复兴的精神力量。

深刻领会党的二十大精神，在全面建成社会主义现代化强国、实现第二个百年奋斗目标，以中国式现代化全面推进中华民族伟大复兴的新征程中，设计人才已成为推动产业升级和提高文化自信的助力器，是加快建设美丽中国、全面推进乡村振兴的重要力量。

在此时代背景下，综合学科建设需求和总体编写思路，本教材立足全员育人宗旨，立足“专业+思政”，在遵循设计类学科专业人才培养规律的基础上编写。

编著者

目录

第一章

认识结构

1

环视我们的周围，大到摩天大厦、跨海桥梁，小至玩具、日用品等都有结构。结构普遍存在于自然界以及人类创造的各种物体中。结构设计是必不可少的，它贯穿物品设计的全过程，它既可以实现物品的功能，又能使其展现不同的外观，还可以使其稳固和安全。结构的作用之一是用来抵御外力，因此，进行结构设计时必须考虑的重要因素是稳定性和强度。人类通过智慧和创新创造出了各种不同样式的结构，在满足我们日常需要的同时，也给我们带来了美的享受。

第一节　结构

一、结构的概念

我们的世界由物质组成，物质以各种各样的形态存在着。从宏观的星球宇宙，到微观的分子、原子、电子等极微小的粒子，任何物质都有其内部的结构形式。那么，什么是“结构”？

所谓“结构”，是指物体的各组成部分及其相互关系。结构的形式多种多样，不同的生物或人造物都有不同的结构形式。自然界中存在的不同生物都有各不相同的结构，它们通过各自的生物结构来保持生命状态：一个鸡蛋、一个蜂巢（图1-1）或者一面蜘蛛网（图1-2），看上去很脆弱，在大自然的风雨中，却能保持其形态的完整性，这就得益于各自合理的生物结构。

蜜蜂是自然界中卓越的建筑大师，蜂巢的结构精巧又美观。蜂巢由几千甚至数万间蜂房组成，每间蜂房都是大小相等的六棱柱体，底面由3个全等的菱形面封闭起来，形成一个倒角的锥形，每排蜂房平行排列并相互嵌接。对于群居的蜜蜂而言，这种结构的居住空间用材最少且容积最大。

蜘蛛结网与人类建筑施工是何等相似，所有的柔性材料如藤、绳、索都具有极强的抗拉特性，由柔性材料组成的建筑结构称为悬索结构，它具有跨越大跨度的能力，而且特别节省材料。蜘蛛网就是自然界中的悬索结构。虽然不同种类的蜘蛛所织的网常有差异，但是一般有放射状的蜘蛛丝网和椭圆

图1-1　蜂巢

形的蜘蛛丝网两种。蜘蛛在结网时，会先构筑放射状的骨架丝线——纵丝。纵丝主要是支撑蜘蛛网结构的，其强度大，但无黏性。在骨架完成后，蜘蛛会接着以逆时针的方向织造螺旋状丝线，科学家称其为横丝。如果你仔细观察，就会发现横丝上有水珠似的凸起，它们被称为黏珠，其黏性让误闯入的昆虫难以脱身。

生物结构的多样性是自然界"物竞天择"的结果，而当人类造物时，人造物的结构问题就会立即呈现出来，因为没有结构就没有造型物的存在，结构与物的形态是不可分割的。当然，任何一种结构都不是人凭空想象出来的，而是为了达到一定的功能要求，受各种材料特性影响而产生的。

制造飞机的材料是很昂贵的，如何节省材料，减轻飞机重量，又能保证飞机很结实与隔热、隔音呢？飞机工程师们便制造出了蜜蜂蜂巢状态的壁板，这种壁板之间充满了孔洞，称作蜂巢式夹层（图1-3）。

图1-2　蜘蛛网悬索结构

图1-3　蜂巢式夹层

图1-4 汽车各部分材料

建筑物的结构必须坚固、稳定性好，还要能够抵御强风、地震等自然灾害的破坏。长城的构造雄伟、坚固，并拥有完善的设施、科学的防御功能。城墙与敌楼是长城的建筑主体，城墙依照不同的山形地貌变化其形态，敌楼则以砖砌拱券式的空心敌楼为最多。所谓“请跨墙为台，睥睨四达。台高五丈，虚中为三层，台宿百人，铠仗糗粮具备”。

产品和建筑类似，也是由材料按照一定的结构方式组合起来的人造物。不同的是，工业产品中的材料比建筑物要复杂得多，但其结构原理是相通的，都要研究如何运用材料的相互连接和作用方式来组成一个物体。作为功能的载体，结构是依据功能目的来选择和确定的。如图1-4所示为汽车各部分材料。汽车主要由9大系统组成，包括“白车身、开闭件、内外饰、底盘、电器（HMI人机交互系统）、电动力系统、发动机动力系统（发动机、变速器、进排气、燃油）、整车控制器、自动驾驶”。兼顾强度、刚度和轻量化需求，新型汽车白车身部分越来越多地采用高强度钢、铝、碳纤维复合材料、镁、钛，及各种类型的塑料，甚至包括麻、棉、亚麻等天然材料。目前，汽车内饰主要由塑料制成，这主要取决于塑料制成的零件具有耐腐蚀性、柔韧性和回弹力。内外饰材料的发展趋势是轻量化、绿色环保化、感官品质化和智能化，许多制造商正努力将天然纤维纳入汽车材料战略中。

一件好的产品应该是技术与艺术的综合体，而不是“技术”加上“艺术”。产品中既有技术因素，也有艺术因素，并且两者在各方面都有关联，不能把技术因素与艺术因素分开处理。结构既是一种技术，也是一种艺术。建筑师罗得列克·梅尔（A Roderick Males）说得更为精辟：“结构技术是一门科学，实行起来却是一门艺术。”

结构，影响到产品的最终形态。因此，设计师不能完全把它甩给工程师，而应该在设计的全过程中妥善处理两者的关系，更主动地与结构工程师密切配合。

二、结构设计师需具备的知识和技能

结构设计师是综合性很强的职业，其需要了解很多不同方面的知识，具体如下：

（1）掌握多种设计软件。要通过三维模型实现产品结构设计，工具软件是必不可少的。常用的三维建模软件有Rhinoceros、Pro/Engineer、Creo Parametric、SolidWorks、Unigraphics NX等。进行外观设计时主要用到的三维建模软件是Rhinoceros，进行工程或结构设计时可用的三维建模软件是Pro/Engineer、SolidWorks、Unigraphics NX等，二维设计软件是AutoCAD。结构设计师最好能擅长三维软件复杂外观曲面的构建，而且操作速度也要求快。

（2）掌握必要的机械知识。"机械制图"是机械专业的一门基础课，也是进入结构设计的第一门课，被喻为"工程上的语言学"，机械制图是每一个结构设计师必须掌握的技能。作为结构设计人员，如果连图都看不懂，那是无法胜任工作的，更谈不上设计了。

机械制图课程内容包括制图的基础知识、投影的基础知识、三视图的构成、公差与配合、尺寸标注的基本要求等。

另外，还要掌握公差配合的选用和标注，同时要熟悉机械原理、熟悉常用金属材料的性能、试验方法及其选用。

（3）熟悉塑胶和五金基本加工工艺。具备一定的塑胶、金属模具知识，确保设计的产品能通过模具制造出来。产品是通过模具制造出来的，作为一个合格的结构设计师，不一定要亲自设计及制作模具，但对模具的基本知识还是要了解的，包括模具的结构、模具的加工等，至少要保证设计的产品能通过模具制造出来。

（4）熟悉塑胶和五金基本加工工艺。塑胶与五金的加工工艺知识涉及产品在生产中出现的问题该如何解决、结构设计上如何避免出现问题等。如塑胶件在注塑时表面缩水如何解决、金属件起毛边刮手如何解决等。

（5）具有一定的产品表面处理工艺知识。表面处理知识非常重要，不仅要了解这种工艺的表面效果，还要知道这种工艺在进行结构设计时有什么要求、要注意什么。结构设计师应掌握常见塑胶件表面皮纹、丝印、喷涂、电镀等处理方法，及金属件的喷涂、电泳、防锈等知识。

（6）熟悉各种常用塑胶及金属材料。熟悉各种常用塑胶及金属材料也是基本要求，做结构设计时要知道外壳用什么材料、耐磨材料又有哪些、常用透明材料是什么、为什么要用不锈钢、不锈钢与铝又有什么区别等。了解材料的特性才能合理地运用材料，以在保证功能的前提下最大限度地节省成本。

（7）具有一定的电子技术知识。现在的产品大部分是电子类产品，或者机械与电子相结合的产品，了解一定的电子基础知识，对结构设计非常有必要。

（8）了解一定的行业规范。行业规范俗称安全规范（安规），例如，玩具结构设计就要符合国家对玩具行业制定的安全规范，只有懂得安全规范，才能设计出合理、合格的产品。

（9）需要熟悉产品开发的整个流程，能独立完成产品项目的跟进。在设计过程中同样需要较强的沟通能力和团队合作精神。

三、结构设计经典案例

如图1-5所示的电子烘干衣架，其能进行衣物预热、防霉、烘干处理，属于纺织品干燥器具。该衣架除具备烘干功能外，还具有控制电加热时间、保护电热元件和携带方便等优点。衣架在功能上能满足人们的使用需求，外观美观大气，采用折叠结构设计，材质轻盈，特别适于外出旅游、出差，及有婴幼儿的家庭和阴冷潮湿季节较长的地区使用。

天空护理椅（Sky care chair）（图1-6）作为一种在机舱内移动性很强的座椅工具，其能够使残疾人有更强的独立人格。普通轮椅的扶手和轮子在座椅侧面，而且体积比较大，在飞机里移动起来十分不方便。天空护理椅则是一种专为飞机机舱里的残疾乘客设计的轮椅。这种轮椅的轮子在座椅正下方，扶手在正前方，让残疾乘客在机舱里可以灵活自如地活动，且不会刮蹭到周边的物体和乘客，极大提升了他们的乘机体验。

针对梳子在使用过程中容易将头发缠绕在梳齿上的问题，设计师金泰珍进行了一些改进，让梳子更加容易清洁：梳齿可以伸缩的梳子——魔力蜂巢（Magic Comb）（图1-7），其把柄可以旋转，而这种旋转，将连带着梳齿一起收缩进隔层中。其好处有二：这种收缩会让缠绕在梳齿上的头发脱落下来，方便清理；梳齿收缩进去之后，我们可以对梳子本身进行有效清洁。

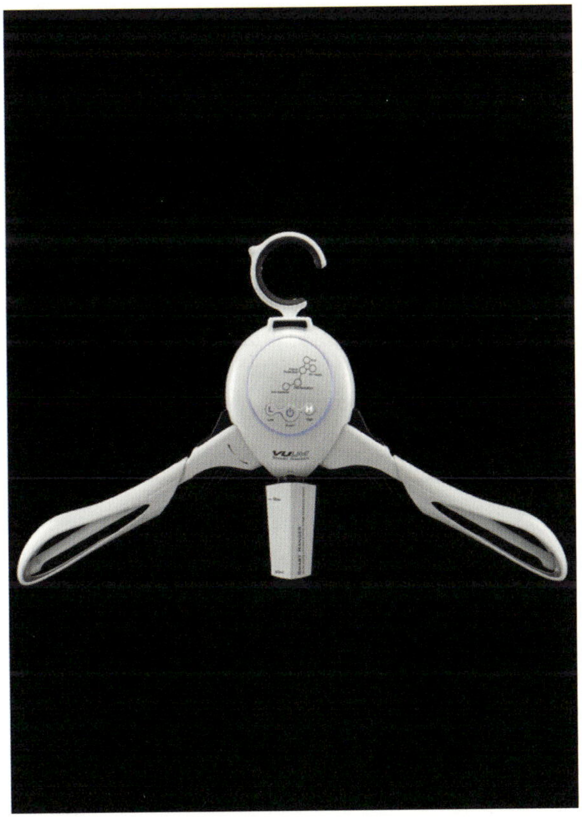

图1-5　电子烘干衣架

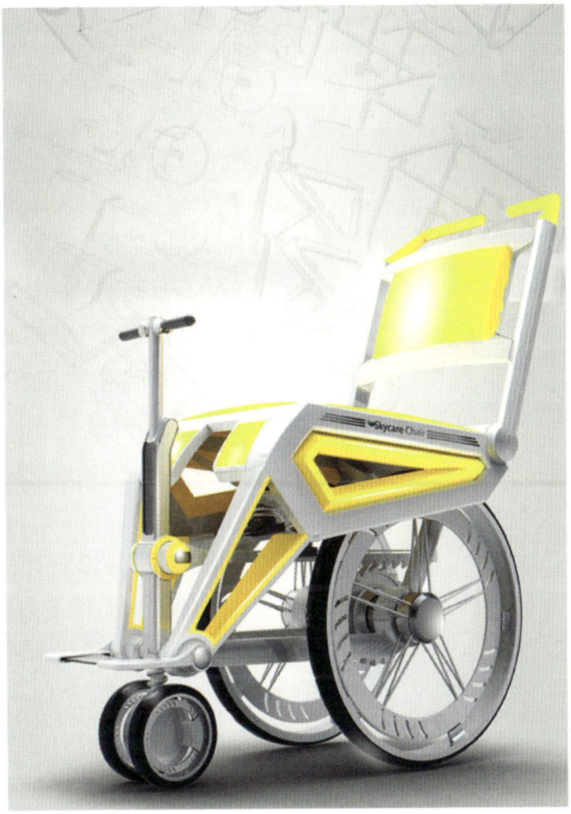

图1-6　天空护理椅

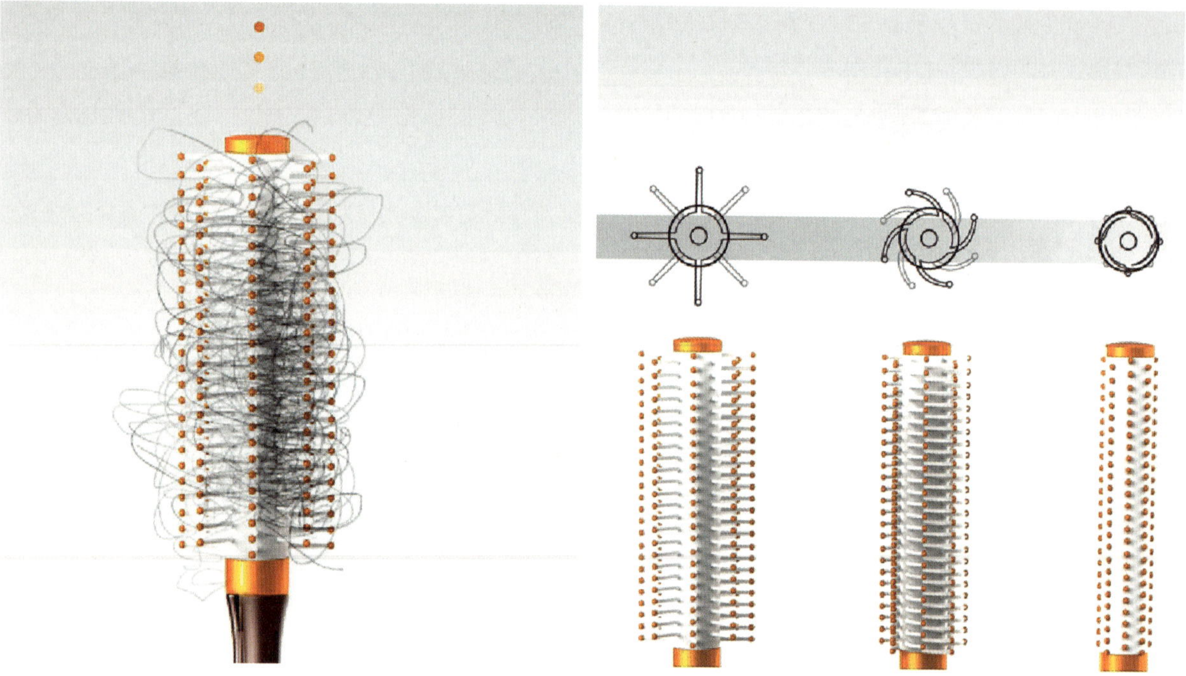

图1-7　魔力蜂巢

第二节　结构的意义

从力学的角度看，结构是指可承受一定力的物体形态，结构可以抵抗能引起形状和大小改变的力。在各种各样的结构设计中，人们都需要考虑力的作用，那么结构与力的关系是怎样的呢?

一、结构与力

作用在结构上的外力是多种多样的，因此，结构的变形也是各种各样的。本书只讨论五种作用在结构上的外力以及产生的变形，不涉及两种力及以上对结构的共同作用。

（1）拉力：在弹性限度以内，物体受外力的作用而产生的形变与所受的外力成正比。形变随力作用的方向不同而异，使物体延伸的力称“拉力”或“张力”。受到拉力的物体，会产生拉伸变形（图1-8）。

（2）压力：两个接触的物体互相之间产生的作用力。受到压力的物体，会受到挤压而产生变形（图1-9）。

椅子是我们日常生活中经常使用的家具之一，当人坐在椅子上时，椅面需要承受人的重力，椅腿承受椅子自身和人的重力，椅背要能够承受人体向后的压力，并保持结构基本不变。此时，椅子就会在重力的作用下，产生挤压变形。设计师路德维希·密斯·凡德罗（Ludwig Mies Vander Rohe）在1929年设计了巴塞罗那椅，它由呈弧形交叉状的不锈钢构架支撑真皮皮垫，非常优美而且功能化。椅子由两块长方形皮垫组成坐面（坐垫）及靠背，弧形交叉状的不锈钢构架会在压力的作用下产生变形（图1-10）。

（3）剪切力：在一对相距很近的大小相同、指向相反的横向外力F作用下，直杆的主要变形是横截面沿外力作用方向发生相对错动，这种变形形式称为剪切。判断是否“剪切”的关键是材料的横截面是否发生相对错动，如图1-11所示。

剪刀在工作过程中是一个杠杆，支点为剪刀的轴，杠杆的动力为手垂直杠杆向上的力，阻力是被剪的物体垂直杠杆向上的力，它们对杠杆的力使杠杆向相反的方向转动。这两个力作用在物体上就产生了一对剪切力，在剪切力的作用下，可使物体产生剪切变形。

（4）扭转力：在一对转向相反、作用面垂直于直杆轴线的外力偶（其矩为M）作用下，直杆的相邻横截面将绕轴线发生相对转动，杆件表面纵向线将变成螺旋线，而轴线仍维持直线。这种变形形式称为扭转（图1-12）。使物体发生扭转变形的力就是扭转力。

在我们握住方向盘的时候，两只手之间有一定的距离，而且作用在方向盘两个方向的力使其发生转动，这两个力大小相同，方向相反，并且不在一条作用线上（图1-13）。

（5）弯曲力：在一对转向相反、作用面在杆件的纵向平面（即包含杆轴线在内的平面）内的外力偶（其矩为M）作用下，直杆的相邻横截面将绕垂直于杆轴线的轴发生相对转动，变形后的杆件轴线将弯成曲线。这种变形形式称为纯弯曲（图1-14）。作用于物体，使它产生弯曲的力就是弯曲力。

图1-8　拉力

图1-9　压力

图1-10　巴塞罗那椅

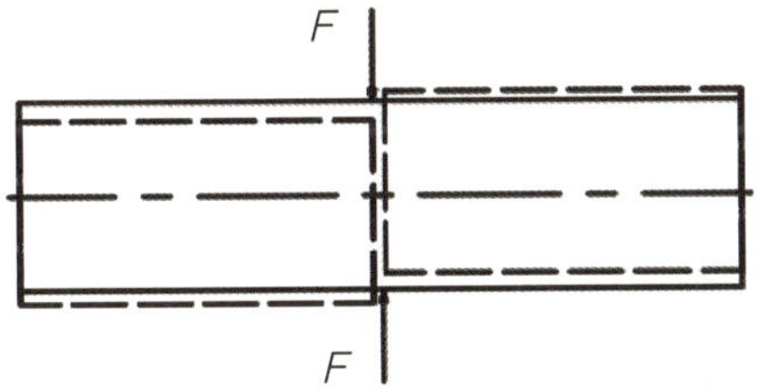

图1-11　剪切力

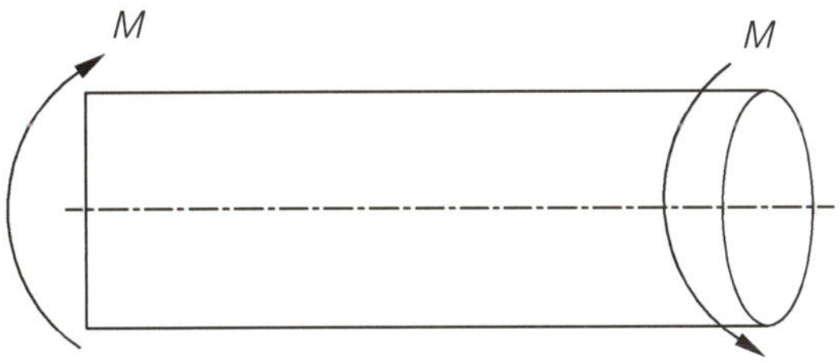

图1-12　扭转

图1-13　方向盘受力图

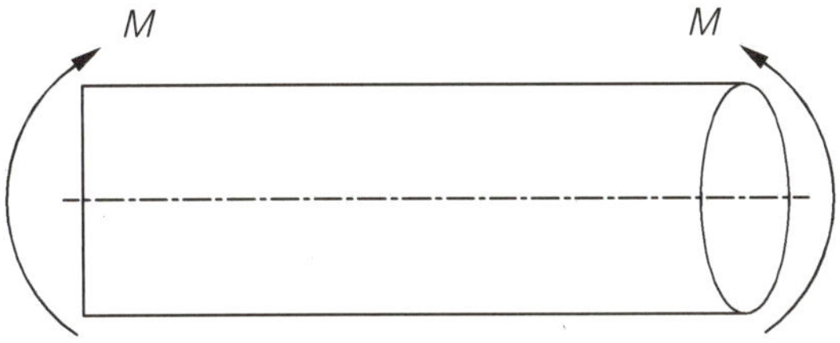

图1-14　纯弯曲

图1-15 自行车的前后轮轴为心轴

自行车的前后轮轴（图1-15）是支撑部件，为心轴，只受弯矩，不传递转矩，故轴只产生弯曲变形。

通过以上产品，可以发现这些结构都具有一定的形状，都需要承受外力的作用，在一定范围内都具有抵御其形状改变的能力。

二、结构的稳定性

结构的分类多种多样，从形态方面考虑，通常可以将结构分成三种基本类型：实体结构、框架结构和壳体结构。桥墩、铅球等都是实体结构，木屋、悬索桥铁架、幼儿学步车等都是框架结构，汽车车身外壳、悉尼歌剧院等都是壳体结构。不同的结构类型具有不同的特征和受力特点。怎样才能使结构稳固？结构稳固与哪些因素有关呢？

结构的稳定性是指结构在荷载的作用下维持其原有平衡形式的能力。

结构的稳定性与它的几何形状、支撑面面积的大小和重心位置密切相关。结构要达到稳定，首先，整体几何形状必须科学合理；其次，支撑面面积越大，重心越低，其稳定性越强。因此，在进行结构设计时，要尽可能使结构所受的重力集中在底部，降低重心，并使其重心垂线落在支撑面内，从而提高结构的稳定性。

三边确定的三角形构成稳定的几何结构。A形铝梯的两梯面和横杆构成三角形的几何结构，就是利用几何形状保证结构的稳定性。

建筑工程中广泛运用了三角形的稳定性，如房子、桥梁的桁架，钢架结构的十字钢梁、空调支架等。在四边形的框架中加杆件作对角线，形成多个三角形，能有效加强结构的强度和稳定性，同时也节省了用料，减轻了结构的质量。

三、结构的强度

当结构或机械承受荷载或传递运动时，为保证整个结构或机械能正常工作，每一构件均应保证其能正常工作。为此，首先要求构件在荷载作用下不发生破坏。在荷载作用下，构件应不至于破坏（断裂或失效），即应具有足够的强度。强度是材料抵抗外力破坏的能力，和材料的内部结构、形态、试验条件等有关。

构件在没有受到外力作用时，其内部质点之间就已经存在着相互作用力，这种作用力使各质点之间保持一定的相对位置，并使构件维持一定的形状，这时构件内各质点之间的相互作用力称为固有内力。

当外力作用于构件时，构件产生变形，原来各质点在固有内力作用下的平衡状况被破坏，各相邻质点之间产生了附加的相互作用力，这种相互作用力称为附加内力。在讨论构件的强度等问题时，常将附加内力简称为内力。

内力是由外力引起的，是对变形的一种抵抗。一般来说，外力越大，则构件的内力越大。当内力达到一定数值时，构件就会被破坏。在工程技术中，不允许任何构件在正常工作情况下被破坏，这就要求构件必须具有抵抗被破坏的能力，这种能力称作强度。

从强度角度看，外力越大，构件内力也随之增大，构件被破坏的危险性就越大，但仅凭内力的大小还不能确切反映一个构件的危险程度，那么它还与什么有关呢?

试验表明，在外力与材料不变的条件下，构件被破坏的程度还与它的横截面面积有关。构件单位横截面面积所受的内力称为构件的应力。应力、内力和横截面面积之间的关系为：

$$\sigma=\frac{N}{A}$$

σ：应力　N：内力　A：横截面面积

国际单位制中，应力的单位是帕，符号是Pa。在工程上常使用兆帕（MPa）作为单位。面积的单位是平方米，符号是m^2。内力的单位是牛，符号是N。

由以上公式可知，在内力不变的情况下，构件的横截面面积越大，应力越小，危险性就越小。同截面垂直的应力称为正应力或法向应力，同截面相切的应力称为剪应力或切应力。如柱体垂直受压时，其横截面上的应力就是正应力；物体被剪切时，剪切面上就有剪应力；而梁弯曲变形时，其横截面上除了具有正应力外，还有剪应力。

四、结构的强度与材料

结构的强度与其所用材料有关，不同材料构成的结构，其强度各不相同。在工业设计中，经常使用的材料包括金属、塑料、木材、玻璃和陶瓷五大类。

1. 金属

金属是一种具有光泽、富有延展性、容易导电、导热等性质的物质。金属材料具有一系列优良的力学性能、加工性能和独特的表面特征，不仅能保证产品的使用功能，还可赋予产品现代风格的结构美、造型美和材质美。因此，金属材料是产品设计中应用比较普遍的重要材料之一。

按照分子结构，可以将金属分为纯金属和合金两种：纯金属材料由同一元素的原子组成；合金包括至少一种金属元素，由两种或两种以上的金属或非金属元素组成。

按照冶金方法，可以将金属分为黑色金属和有色金属。黑色金属主要是钢铁材料，是铁-碳二元合金基础体系的金属材料。根据对性能和用途的不同要求，常加入其他各种合金元素以改变和提高钢的性能。

根据钢铁材料的成分、组织结构与用途，其可以分为铸铁、碳素钢、低合金钢和合金钢等。有色金属可包括轻金属（密度<4.5g/cm^3的金属，如铝、镁及其合金）、重金属（密度>4.5g/cm^3的金属，如铜、锌、铅及其合金）、稀有金属（如钛、钨、钼等）。与黑色金属相比较，有色金属的力学性能和物理性能的范围宽、熔点范围大、成本和性能的差异性大，在航空、航海、汽车、石化、电力、建筑装饰、五金、家电等领域有着普遍的应用。

金属的强度是金属材料在外力作用下抵抗塑性变形和断裂的能力。硬度是金属材料抵抗更硬的物体压入其内的能力。其实，二者之间没有必然的联系，不过，硬度是一项综合力学性能指标，一般硬度高的材料，其强度也高。按外力作用的性质不同，主要有屈服强度、抗拉强度、抗压强度、抗弯强度等，工程常用的是屈服强度和抗拉强度，这两个强度指标可通过拉伸试验测出。

2. 通用塑料

通用塑料有五大品种，即聚乙烯（PE）、聚丙烯（PP）、聚氯乙烯（PVC）、聚苯乙烯（PS）及丙烯腈-丁二烯-苯乙烯共聚物（ABS）。这五大类塑料占据了塑料原料使用的绝大多数，其余的基本可以归入特殊塑料品种，如：聚苯硫醚（PPS）、聚苯醚（PPO）、尼龙（PA）等，它们在日用生活产品中的用量很少，主要应用于工程产业、国防科技等高端领域，如汽车、航天、建筑、通信等领域。

塑料根据其可塑性分类，可分为热塑性塑料和热固性塑料。通常情况下，热塑性塑料的产品可回收利用，而热固性塑料的产品则不能。根据塑料的光学性能来分，可分为透明、半透明及不透明原料，如聚苯乙烯（PS）、聚甲基丙烯酸甲酯（PMMA）、苯乙烯-丙烯腈共聚物（AS）等属于透明塑料，而其他大多数塑料都为不透明塑料。如表1-1所示是常见塑料的拉伸和弯曲强度。

3. 木材

木材构件能支承载荷的所有性能。木材的强度性质对于木材利用特别是木材的设计起着重要作用。木材的主要强度性质，包括抗拉强度、抗压强度、抗剪强度、抗弯强度、硬度及冲击韧性。此外，尚有较少使用的抗扭强度、疲劳强度等。

不同树种的木材，由于构造特征的差别，往往具有不同的强度性质。树木生长环境、树龄等与木材的形成有密切关系，因而任一树种的各树株，甚至一树株上不同的部位，其木材强度性质也存在或多或少的差异。早材的强度性质通常低于晚材，因此早材多的木材，较晚材占比率大的强度低。而木材的密度（ρ），是木材强度σ的可靠指标，两者间通常用直线$\sigma = a + b\rho$或曲线$\sigma = a\rho b$关系表示，这里a、b是常数。

木材具有多种类型的缺陷，如节子、斜纹理、裂纹、变色、腐朽等，均对木材的强度有不同程度的不良影响。

木材含水率低于纤维饱和点时，木材强度性质通常随含水率的增减而呈反比。当木材含水率的增减在纤维饱和点以上时，对强度没有影响。水分对木材各种强度的影响有所不同，对木材顺纹抗压强度及横纹抗压比例极限应力的影响较大，抗弯强度

表 1-1　常见塑料的拉伸和弯曲强度

塑料名称	拉伸强度/MPa	伸长率/%	拉伸模量/GPa	弯曲强度/MPa	弯曲模量/GPa
低压聚乙烯	22 ~ 39	60 ~ 150	0.84 ~ 0.95	25 ~ 40	1.1 ~ 1.4
聚苯乙烯	35.2 ~ 63.3	12 ~ 25	2.8 ~ 3.5	61.2 ~ 98.4	
ABS 塑料	16.9 ~ 63.3	10 ~ 140	0.7 ~ 2.9	25.3 ~ 94.9	30
有机玻璃	49.2 ~ 77.3	2 ~ 10	3.2	91.4 ~ 119	
聚丙烯	33.7 ~ 42.2	200 ~ 700	1.2 ~ 1.4	42.2 ~ 56.2	1.2 ~ 1.6
聚氯乙烯	35.2 ~ 63.3	20 ~ 40	2.5 ~ 4.2	70.3 ~ 112	

次之，对顺纹抗剪强度和硬度的影响又略小于抗弯强度，而以抗弯弹性模量和顺纹抗拉强度影响最小，至于冲击韧性通常看不出水分有何影响。环境温度越高，木材的强度也随之减小；处于负温度下，除木材的抗冲击性能有所降低外，其余强度性质常随温度的降低而或多或少有增高。

4. 玻璃

玻璃简单分类主要有平板玻璃和特种玻璃。平板玻璃主要分为三种：引上法平板玻璃（分有槽/无槽两种）、平拉法平板玻璃和浮法玻璃。浮法玻璃正成为玻璃制造方式的主流。

玻璃的机械强度一般用抗压强度、抗折强度、抗张强度和抗冲击强度等指标表示。从力学性能的角度来看，玻璃之所以得到广泛应用，就是因为它的抗压强度高，硬度也高。然而，由于它的抗张强度与抗折强度不高，并且脆性很大，使玻璃的应用受到一定的限制。

玻璃的理论强度按照奥罗万（Orowan）假设计算等于11.76GPa，表面上无严重缺陷的玻璃纤维，其平均强度可达686MPa。玻璃的抗张强度一般在34.3~83.3MPa，而抗压强度一般在4.9~1.96GPa。但是，实际上用作窗玻璃和瓶罐玻璃的抗折强度只有6.86MPa，也就是比理论强度相差2~3个数量级。

玻璃的实际强度低是由玻璃的脆性和玻璃中存有微裂纹和不均匀区所引起的。由于玻璃受到应力作用时不会产生流动，表面上的微裂纹便急剧扩展。并且应力集中，以致破裂。为了提高玻璃的机械强度，可采用退火、钢化、表面处理与涂层、微品化、与其他材料制成复合材料等方法。这些方法都能显著提高玻璃的机械强度，有的可使玻璃抗折强度成倍增加，有的甚至增强几十倍以上。

5. 陶瓷

陶瓷有多种分类方法，一般人们习惯按以下四个方面进行分类：

（1）按用途来分，可分为日用陶瓷、艺术（陈列）陶瓷、卫生陶瓷、建筑陶瓷、电器陶瓷、电子陶瓷、化工陶瓷、纺织陶瓷、透千（燃气输机）陶瓷等。

（2）按是否施釉来分，可分为有釉陶瓷和无釉陶瓷两类。

（3）人们为了生产、研究和学习上的方便，有时不按化学组成，而根据陶瓷的性能，把它们分为高强度陶瓷、铁电陶瓷、耐酸陶瓷、高温陶瓷、压电陶瓷、高韧性陶瓷、电解质陶瓷、光学陶瓷（即透明陶瓷）、磁性陶瓷、电介质陶瓷、磁性陶瓷和生物陶瓷等。

（4）根据陶瓷的瓷质可简单分为硬质瓷，软质瓷、特种瓷三大类。陶瓷材料由其化学键所决定，在室温下几乎不能产生滑移或位错运动，因而很难产生塑性变形，所以其破坏方式为脆性断裂。一般陶瓷材料在室温下的应力应变曲线如图1-16所示，即在断裂前几乎没有塑性变形。因此，陶瓷材料室温强度测定只能获得一个断裂强度σ_f值。而金属材料则可获得屈服强度σ_S值。

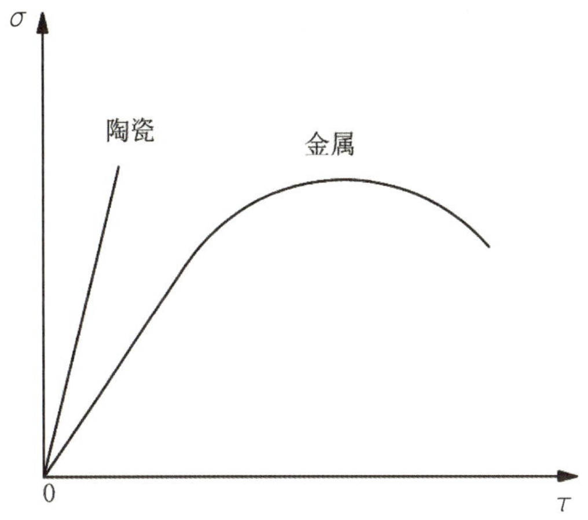

图1-16　陶瓷应力应变曲线

由此可知，陶瓷材料的室温强度是弹性变形抗力，即当弹性变形达到极限程度而发生断裂时的应力。强度与弹性模量和硬度一样，是材料本身的物理参数，它决定于材料的成分组织结构，同时也随外界条件（如温度、应力状态等）的变化而变化。由于陶瓷材料的脆性，在绝大多数情况下都是测定其弯曲强度，而很少测定拉伸强度。

五、结构的强度与形状

结构的强度还与构件的形状有关。人们常把构件制成一定的形状，如工业生产中的工形横梁、角钢、管材等型材。由于这些型材在相同结构强度的情况下，具有用料少、质量小等优点而被广泛应用。如图1-17所示是横截面形状像“工”字的金属横梁，被称作工形横梁。工形横梁被广泛应用于建筑工程中，构成建筑物的骨架。

构件的横截面形状也极大地影响它的强度。如图1-18所示的具有相同横截面面积、不同横截面形状的同种材料，在承受相同荷载时，矩形优于正方形，正方形优于圆形，工字形比矩形截面更为合理。

薄板材料也可以通过折叠改变其形状以达到增加强度的目的。通过折叠薄钢板的边缘，就构成了具有一定强度的板架。类似地，现代汽车上的薄板通过精心的折叠设计，可达到所需要的强度，如图1-19所示。

构件材料的形状不同，其承受力的情况也不同，横截面形状为线状、平板状的材料适用于承受拉力，但不适用于承受压力；横截面形状为工字梁、角梁的材料适用于承受压力，也适用于承受拉力。

六、结构的连接

连接就是通过一定的方式把两件或两件以上的物体连在一起。同样，结构的连接也是通过一定的连接物将构件组成整体结构。科学、合理的连接，不仅可保证结构或构件的形状稳定，还能提高结构的强度，使它足以支撑自身质量及荷载。

构件连接处的强度是影响整个结构强度和稳定

图1-17　工形横梁

图1-18　不同的横截面形状

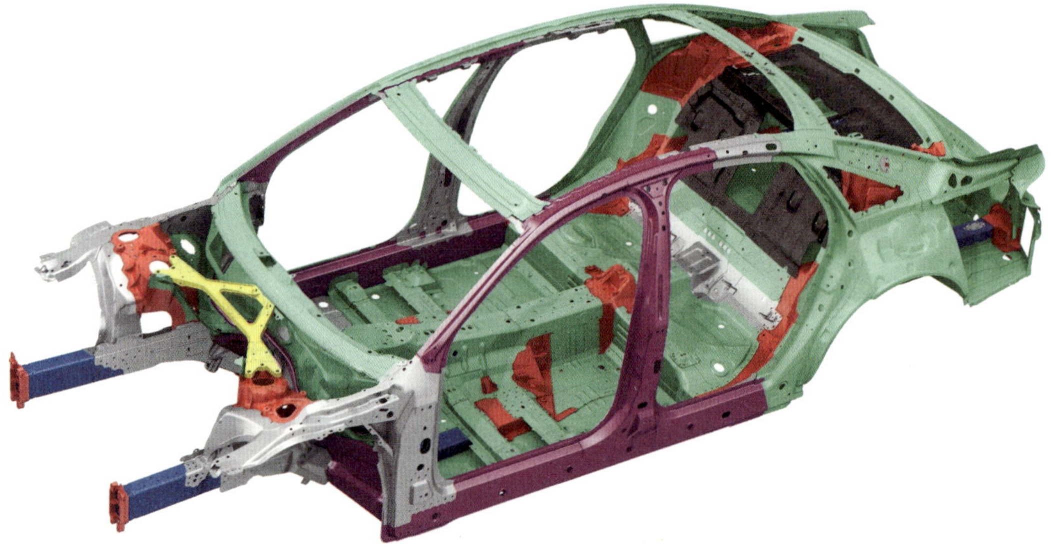

图1-19　薄板材料

性的重要因素，而构件连接处的强度取决于它的连接方式、连接技术和连接处的牢固程度等。

榫卯泛指在两个木构件上采用凹凸结合的连接方式，是中国古代建筑、家具及其他木制器械的主要连接方式（图1-20）。凸出部分称榫（或榫头），凹进部分称卯（或榫眼、榫槽），榫和卯咬合，起到连接作用。在实际应用中有许多种榫卯。

榫卯连接的木椅比钉接的稳固、不易变形。在实际结构中，各构件的连接方式是多样的。除上述的榫卯连接外，常见的还有铰接、螺栓连接、胶接、绳系、焊接、铆接等。

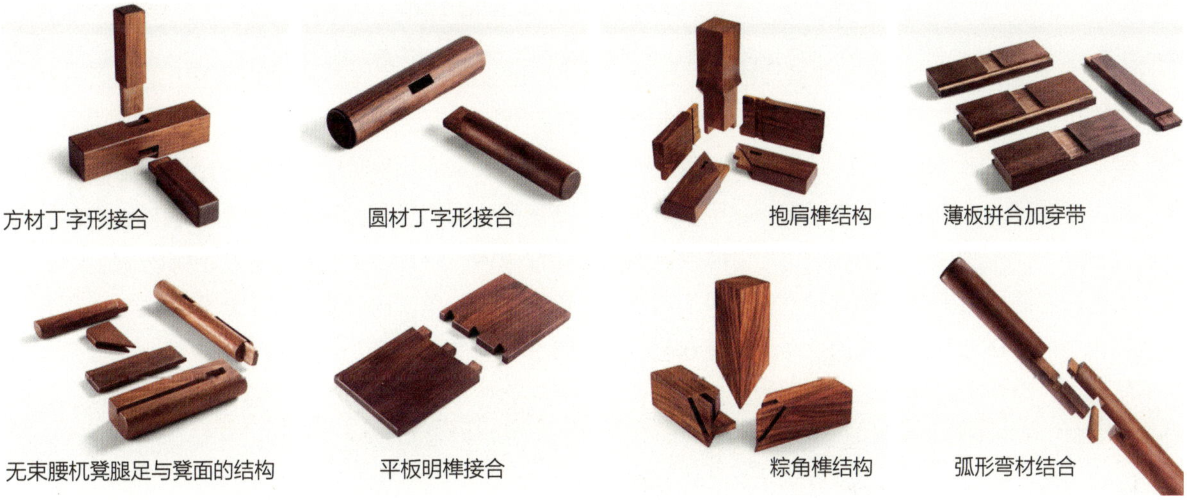

图1-20　榫卯结构

? 思政与思考题

1. 谈一谈自己应该如何规划才能成为一名合格的产品结构设计师。
2. 在进行结构设计时，需要考虑哪些方面的因素？
3. 谈谈作为一名产品结构设计师，如何树立以人民为中心的发展思想推动技术成果更好地服务社会、服务人民？

第二章

自然界中的结构

2

面对自然界，人类总是充满好奇：共存于同一个世界里的动物、植物、有机物和无机物各具特色，在看似混沌中似乎存在着某种秩序，吸引着人类去寻找这种种形态后面的成因；为什么是这样，而不是那样？为什么比我们想象的更为优越？看似相似，其实又各不相同，其原因何在？

伽利略说：大自然的语言是数学，它的标志是三角形、圆和其他图形。但是对于了解大自然的复杂性来讲，欧几里得几何学是一种不充分、不具有普遍性的抽象。研究表明，自然界中生物体具有的这些优异的结构和功能均是通过由简单到复杂、由无序到有序的多级次、多尺度的组装而实现的。因此，向自然学习是产品结构设计发展的重要思路。接下来，我们探讨自然界中的数学。

第一节　自然界中的数列——斐波那契数列

著名的“斐波那契数列”由中世纪意大利的数学家莱昂纳多·斐波那契（Leonardo Fibonacci）自阿拉伯引入其数学著作《算经》（也译作《算盘书》）中。书中提出了一个有趣的数学问题：一般而言，兔子在出生两个月后，就有繁殖能力，一对兔子每个月能生出一对小兔子来。如果所有兔都不死，且置于相对封闭的环境里，那么一年以后可以繁殖出多少对兔子？通过这个数学命题，我们不妨拿新出生的一对小兔子分析一下：第一个月，小兔子没有繁殖能力，所以还是一对；两个月后，老兔子生下一对小兔，总数有两对；三个月后，老兔子又生下一对，因为小兔子还没有繁殖能力，所以一共是三对；按此方法类推……

将这个过程无限下去，就会发现兔子的对数构成了一个数列（表2-1），这便是斐波那契数列的原型。用文字来说，就是斐波那契数列由0和1开始，之后的斐波那契系数就由之前的两数相加。

0,1,1,2,3,5,8,13,21,34,55,89,144,233,377,610…

斐波那契数列是大自然的一个基本模式，只要我们认真观察，就会发现斐波那契数列存在于自然界的万物中。大部分植物的花瓣数，恰好可以排列

表 2-1　兔子数与月份数对比

经过月数	0	1	2	3	4	5	6	7	8	9	10	11	12	…
总体对数	0	1	1	2	3	5	8	13	21	34	55	89	144	…

成斐波那契数列。如：2片花瓣的虎刺梅、秋海棠；3片花瓣的百合花、鸢尾花；5片花瓣的梅花、桃花、樱花、杏花、梨花；8片花瓣的飞燕草；13片花瓣的瓜叶菊和万寿菊；21片花瓣的紫菀；向日葵的花瓣有的是21片，有的是34片；大多数雏菊花的花瓣是34片、55片或89片……植物的花瓣数呈现出的斐波那契数列，如图2-1所示。

为什么植物的花瓣数会符合斐波那契数列？是因为植物懂得斐波那契数列吗？事实并非如此。在几千万年自然选择与进化的帮助下，这种情况是植物排列种子的最优方式。按照这种方式排列，所有的种子可以具有差不多的大小，同时又排列得疏密得当，不至于过分拥挤。后来，两位法国科学家通过对花瓣的形成过程进行建模仿真后，才证实了在系统保持最低能量的状态下，植物会以斐波那契数列的形式长出花瓣。

不仅植物的花瓣数符合斐波那契数列，就连植物的叶序也符合斐波那契数列。早在18世纪，查尔斯·博内（Charles Bonnet）就指出，在植物的螺旋叶序中，顺时针和逆时针方向，通常是斐波那契数列中两个连续的数。以松果为例，在图2-2（a）中，清晰可见8个逆时针螺旋和13个顺时针螺旋（8和13是斐波那契数列中两个连续的数）。凤梨、向日葵的排列也符合斐波那契数列，如图2-2（b）所示。

不只是植物，动物繁殖中也存在着斐波那契数列。除了斐波那契提出的兔子繁殖，另一个现实中的例子是蜜蜂家系的数列。可以通过蜜蜂在每一代中随着斐波那契数列呈指数增长而及时追溯蜜蜂家庭树，如图2-3（a）所示为雄蜂家谱。同时，如图2-3（b）所示，蜂巢的排列也符合斐波那契数列。

斐波那契数列在生活中的应用也非常广泛。如图2-4所示的花洒喷头的排列方式就是使用了斐波那契数列。

当我们按斐波那契数列，取边长分别为1,1,2,3,5,8,13,21…的正方形。每一个新的正方形都有一个边，其长度与最近两个正方形的边之和一样长，这组矩形的边长是两个相邻的斐波那契数，称为斐

图2-1　植物的花瓣数呈现出的斐波那契数列

（a）松果的螺旋符合斐波那契数列

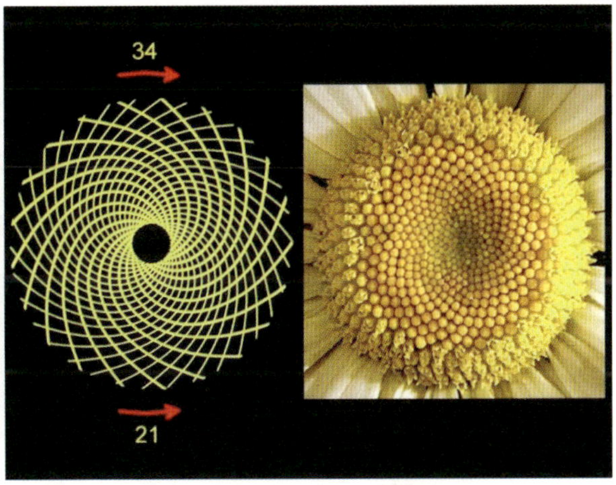

（b）凤梨、向日葵的排列符合斐波那契数列

图2-2　植物的叶序符合斐波那契数列

波那契矩形，也称黄金矩形。然后，以各正方形的一个顶点为圆心画出四分之一的曲线，再连接所有曲线，最后形成的螺旋线就是“斐波那契螺旋线”（图2-5）。斐波那契螺旋线，也称“黄金螺旋”。

自然界中存在许多斐波那契螺旋线的图案。如图2-6（a）所示波浪就是呈现斐波那契螺旋线。如图2-6（b）所示海螺是最明显的符合“黄金螺旋”的形状的例子。当海螺被切成两半的时候，它内腔壁的形状是最完美的“黄金螺旋”形状。如图2-6（c）所示人类耳朵的形状，也符合“黄金螺旋”形状。这种形状的构造帮助人类可以更好地接收音波，增强人类听觉。

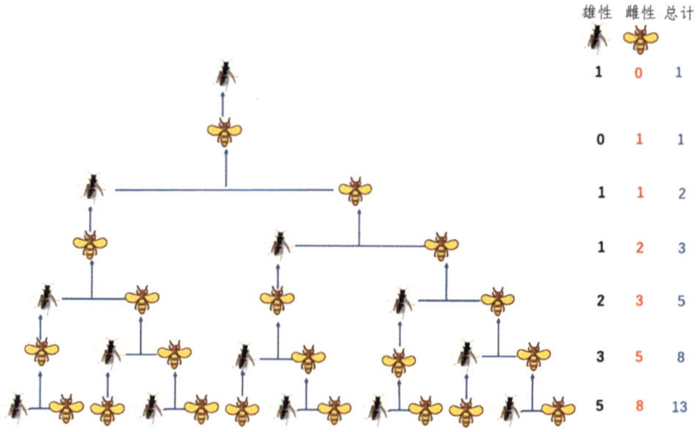

（a）雄蜂家谱

（b）蜂巢的排列符合斐波那契数列

图2-3　蜜蜂与斐波那契数列

图2-4　花洒喷头的排列符合斐波那契数列

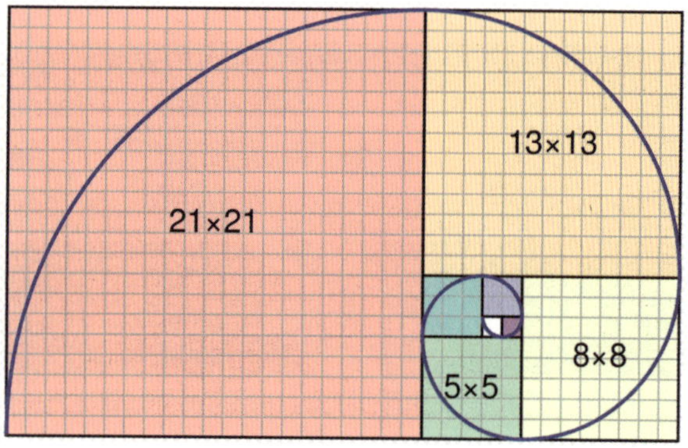

图2-5　斐波那契螺旋线

（a）波浪

（b）海螺

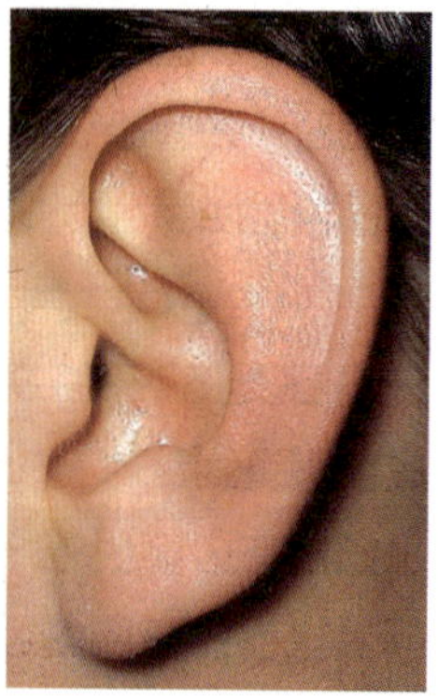
（c）人耳

图2-6　自然界中的斐波那契螺旋线

第二节　自然界中的数列——黄金分割

如果把斐波那契数列的前一项比上后一项，我们会发现，随着取得数越来越大，其比值也会越来越趋近于0.618033988…这就是黄金分割率，让无数科学家、数学家、艺术家为之着迷的数字，所以斐波那契数列又称黄金分割数列。

黄金分割又称黄金律，是指事物各部分间一定的数学比例关系，即将整体一分为二，较大部分与较小部分之比等于整体与较大部分之比，其比值为1:0.618或1.618:1，即长段为全段的0.618。0.618被公认为最具审美意义的比例数字。上述比例是最能引起人的美感的比例，因此被称为黄金分割。

我们其实也可以从斐波那契矩形中来理解黄金分割（图2-7）。即

$$\frac{b}{a}=\frac{a}{a+b}=\frac{\sqrt{5}-1}{2}\approx 0.618$$

黄金分割在各领域应用广泛。建筑界被认为是建筑和艺术中最理想的比例，蕴含着艺术性、比例性、和谐性。历史上许多著名的建筑实际上它们或多或少都应用了黄金分割，如图2-8所示的古希腊帕特农神庙，它是举世闻名的完美建筑，建成于公元前477年至前432年，它坐落在希腊首都雅典卫城的最高点，是为了庆祝雅典战胜波斯而建。神庙的地面和顶部、立面的高和宽都十分接近黄金分割比。

矗立在塞纳河南岸法国巴黎的埃菲尔铁塔（图2-9），于1889年建成，是当时世界上最高的建筑物。铁塔设有三个平台，其中第二个平台的位置就十分接近全塔高度的黄金分割点，而且除了美感，黄金分割还有另外一个作用，就是稳。科学家发现，如果两根相邻的弦线长短一致并且产生同样的振动，共振显然是最大的，而当弦长是无

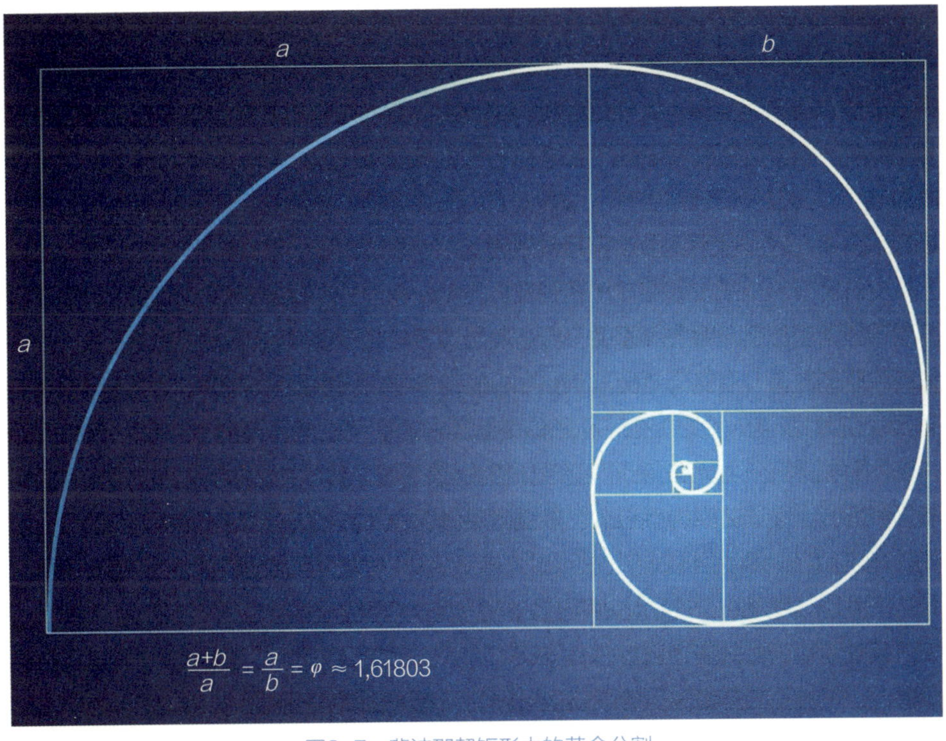

图2-7　斐波那契矩形中的黄金分割

图2-8　古希腊帕特农神庙

图2-9　埃菲尔铁塔

理数的时候共振最小，符合黄金分割率的建筑，在地震中所导致的共振并不大。而黄金分割率就是无理数，符合共振最小的规律，存在于自然界的数学之美不胜枚举。

在中世纪欧洲，斐波那契发现美妙的植物叶片、花瓣等从小到大的序列是以0.618：1的近似值排列的。从那时起，植物学家们研究植物，发现有些植物的生长也是按黄金分割的序列排列的，比如孔雀花枝，从嫩芽的侧面看，可看到嫩芽排列成一对螺旋线，在螺旋线上的距离恰好符合黄金分割，如图2-10（a）所示。在图2-10（b）中，向日葵的种子也是按照特定的对数螺线弧排列的，它们在螺旋线上的距离也服从黄金分割规律。

在自然界中，动物身上也有许多黄金比例的例子，如图2-11（a）所示的变色龙的尾巴，如图2-11（b）所示的蜗牛壳，如图2-11（c）所示的海螺壳等。

从列奥纳多·达·芬奇（Leonardo da Vinci）到蒙德里安（Mondrian），人们认为“黄金分割”比例在多个世纪以来一直在指导着这些艺术家。达·芬奇曾测量人体骨骼结构的确切比例，他是宣称人体的结构比例完全符合黄金分割率的第一人。被广为人知的莫过于达·芬奇在创作《蒙娜丽莎》（图2-12）时使用了黄金比例，人们认为这种几何比例是此画令人感到愉悦的关键因素。

（a）嫩芽抽枝吐叶的弯曲度

（b）向日葵中的黄金分割

图2-10　植物与黄金分割

（a）变色龙的尾巴

（b）蜗牛壳

（c）海螺壳

图2-11　动物身上的黄金比例

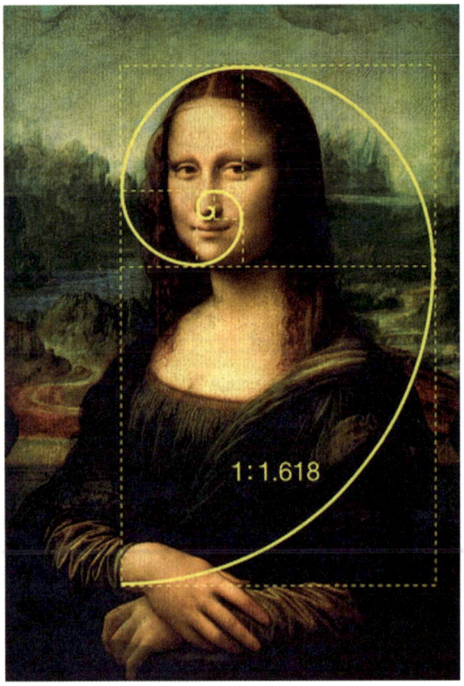

图2-12　达·芬奇作品《蒙娜丽莎》

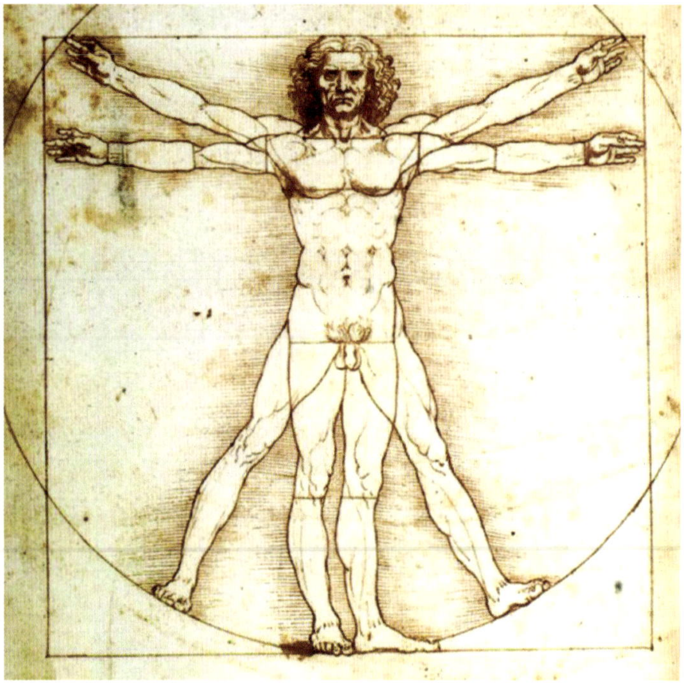

图2-13　达·芬奇作品《维特鲁威人》

名画《维特鲁威人》（图2-13），也是出自达·芬奇之手，画名是根据古罗马杰出的建筑家维特鲁威（Vitruvii）的名字取的，该建筑家在他的著作《建筑十书》中曾盛赞人体比例和黄金分割。《维特鲁威人》也是达·芬奇以比例最精准的男性为蓝本，这种“完美比例”即数学上所谓的“黄金分割”。达·芬奇自己阐述：人体中自然的中心点是肚脐。如果人把手脚张开，呈仰卧姿势，然后以他的肚脐为中心用圆规画出一个圆，那么他的手指和脚趾就会与圆周接触。我们不仅可以在人体中这样画出圆形，还可以画出方形。如果由脚底量到头顶，并把这一量度移到张开的双手，那么就会发现高和宽相等，恰似平面上用直尺确定方形一样。

众多优秀的logo设计中，设计师们往往使用黄金比例来实现最佳的协调和平衡。以苹果logo来分析（图2-14），在苹果logo辅助线分解中，我们可以看出苹果logo的设计正是采用半径1,1,2,3,5,8,13的圆切割而成，也就是上述我们说的斐波那契数列。

苹果的另一款产品iCloud（图2-15）。云的凸起由一系列圆构成，这些圆的直径与数字成比例，包含在一个矩形中，它是一个黄金矩形。事实上，很多苹果的产品都是黄金矩形的。

运用黄金分割经典的logo设计还有百事可乐标志中的圆（图2-16），Toyota（丰田）标志中的三个椭圆（图2-17），《国家地理》杂志标志中间的黄色矩形（图2-18）等。

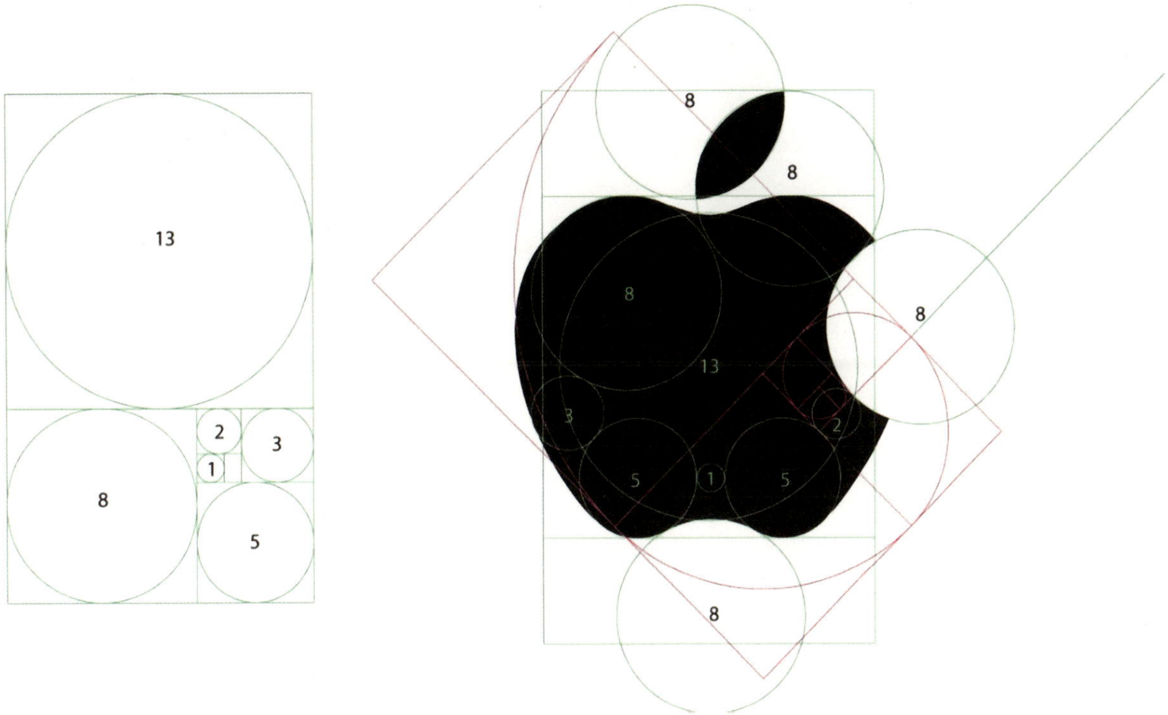

图2-14　苹果logo中的黄金分割

图2-15　iCloud中的黄金分割

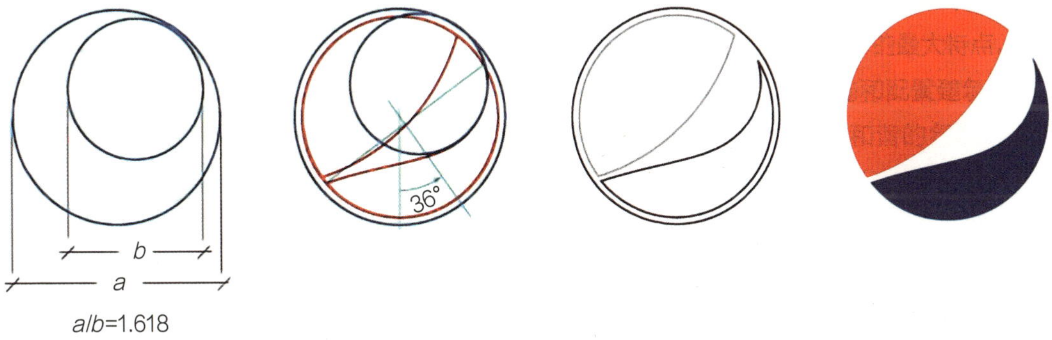

图2-16　百事可乐标志

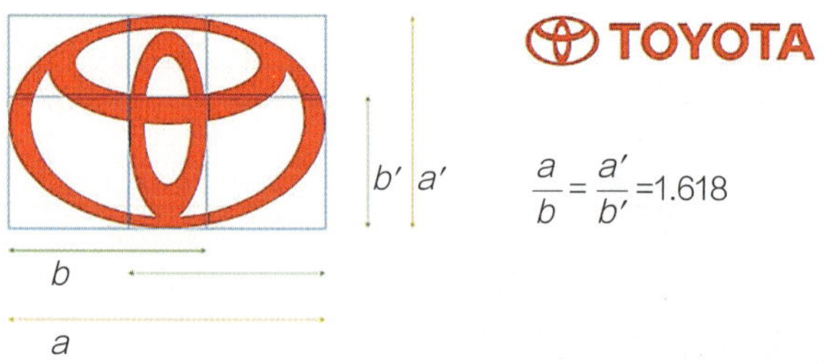

图2-17　Toyota标志

图2-18 《国家地理》杂志标志

第三节　自然界中的流线型结构

物体在流体中运动时所受的阻力，是由内摩擦和涡旋两个原因造成的。在速度很小时，阻力的大小主要决定于内摩擦；在速度较大时，阻力的大小主要决定于涡旋，速度越快，涡旋的作用越大。为了有效减小阻力，就要设法避免涡旋的形成。通过对鱼类进行观察，发现凡是游得快的鱼，如带鱼、鲨鱼等，都具有一种特殊的雪茄烟式的形状。又通过大量实验得出结论，把物体做成这种形状，的确能减小涡旋作用或避免涡旋的形成，因而极大降低了流体对它的阻力。这种形状称作流线型。

鲨鱼身体有很好的流线型形状。它们能够不费吹灰之力，轻松自如地在大海里畅游。鲨鱼圆滑的体形几乎不会引起水体的波动。还有经过河水不断冲刷的卵石，其表面光滑，阻力减小（图2-19）。

“流线型”的起源可以追溯到19世纪对自然生命的研究，以及对于鱼、鸟等有机形态的效能的欣赏。后来这些观念被成功应用到了潜艇和飞艇的设计上，对于快速流动的物体，减小阻力效果明显。到1900年，“泪滴”状已作为最小阻力形状而被接受，并在第一次世界大战前后用于小汽车的外形设计上。

图2-19　受河水冲刷的卵石

流线型，一个充满动感的名词，一种魅力无穷的风格，它曾作为一场样式设计运动整整风行美国20年，影响了全世界的设计风格，甚至在我们现今生活中仍然随处可见流线型设计的影子。

流线型在实质上是一种外在的“样式设计”，它反映了两次世界大战之间美国人对设计的态度，即把产品的外观造型作为促进销售的重要手段。为了达到这个目标，就必须寻找一种迎合大众趣味的风格，流线型应运而生。

20世纪30年代大萧条期间产生的激烈的商业竞争，把流线型风格推向高潮。它的魅力首先在于它是一种走向未来的标志，这给大萧条中的人们带来了一种希望和解脱。因此，流线型在感情上的价值超过了它在功能上的价值。

在艺术上，流线型与未来主义和象征主义一脉相承，它用象征性的表现手法赞颂了“速度”等体现工业时代精神的概念。正是在这个意义上，流线型是一种不折不扣的现代风格，当然，它的流行也有技术和材料上的原因。

20世纪30年代，塑料和金属模压成型方法得到广泛应用，并由于较大的曲率半径有利于脱模或成型，这就确定了设计特征，无论是冰箱还是汽车的设计都受其影响。工业设计师多仁曾在《设计》杂志上发表了一篇题为《流线型：时尚还是功能》

的文章，论述了冰箱形式与制造技术发展的关系。他以一系列图示说明了尽量减少冰箱外壳构件的趋势。1939年，威斯汀豪斯公司推出了以单块钢板冲压整体式外壳的技术，完全消除了对结构框架的需要，圆滑的外形也是这种生产技术的结果。

流线型与艺术装饰风格不同，它的起源不是艺术运动，而是空气动力学试验。有些流线型设计，如汽车、火车、飞机和轮船等交通工具是有一定科学基础的。但在富于想象力的美国设计师手中，不少流线型设计完全是由于它的象征意义，而无功能上的含义。1936年，由赫勒尔（Heller）设计的订书机就是一个典型的例子，其号称“世界上最美的订书机”。这是一件纯形式和纯手法主义的产品设计，完全没有反映其机械功能。其外形颇似一只蚌壳，圆滑的壳体罩住了整个机械部分，只能通过按键来进行操作。这里，表示速度的形式被用到了静止的物体上，体现了它作为现代化符号的强大象征作用。在很多情况下，即使流线型不表现产品的功能，它也不一定会损害产品的功能，因而，流线型变得极为时髦。

滥用流线型风格并没有掩盖流线型的真正成就。在一些工程设计师的作品中，流线型有力地综合了美学与技术的因素而极富表现力。流线型的起源可以追溯到19世纪对自然生命的研究以及对于鱼、鸟等有机形态的效能的欣赏。这些观念被应用到了潜艇和飞艇的设计上，以减少湍流和阻力。

流线型风格的飞机：在飞机设计方面，金属材料的改进、结构技术和科学研究的发展，对设计产生了革命性的影响，笨重的盒式框架机身和沉重的双层支撑翼被具有流线型空气动力学形式的整体结构所取代（图2-20）。

流线型风格的汽车：美国三大汽车公司之一的克莱斯勒公司，于1934年生产的“气流”型小汽车是按照空气动力学原理设计的。产品的结构和机械性能也经过精心设计，以确保可靠性和舒适性。为了占据竞争的主动，“气流”车的造型非常激进，设计者花了大量精力以求车身的统一，发动机罩的双曲线通过后倾的挡风玻璃与机身光滑地联系起来，挡泥板和脚踏板的流畅线条加强了整体感（图2-21）。

“流线型”是物体的一种外部形状，通常表现为平滑而规则的表面，没有大的起伏和尖锐的棱角。流体在流线型物体表面主要表现为层流，这保证了物体受到较小的阻力。流线型可以理解为周围的空气绕着物体运动。流线型的特征主要有两点：①卵状的形体。②平滑的外表。

图2-20 流线型风格的飞机

图2-21　克莱斯勒公司的“气流”型小汽车

流线型作为一种风格是独特的，虽然它源于科学研究和工业生产而不是美学，但是其确实在美学中得到了真正的发展，流线型已经运用到生活产品的方方面面。新时代需要新形式、新象征，与现代主义刻板的几何形式语言相比，流线型的有机形态更易于理解和接受，这也是它得以广为流行的重要原因之一。

第四节　自然界中的方形结构

两千多年前，柏拉图就说过，“上帝将以几何的形式永存”。从一点一线开始，以无穷无尽结束。几何看似简单，却能延伸出最复杂多变的逻辑。在自然界，有六边形的蜂巢和雪花，有黄金比例的鹦鹉螺。在人类文明伊始，便有线形的长城，三角形的胡夫金字塔和长方状的帕特农神庙。几何是无形的规则，有着和宇宙同样长的寿命。过去，人们崇拜和迷恋几何；现在，人们运用并欣赏几何。从蒙昧到求索，更迭的人类，永远的几何。

一、人与几何的关系

人与几何的关系，可以追溯到几千年前。人类早期的世界观，往往是通过几何来构建的。中国人对世界的理解，可以用方与圆来表示。宋玉在《大言赋》里写道，“方地为舆，圆天为盖”。圆代表了整体和统一，是顺从而包容；方则是圆的推演和发展，包含了秩序和规则。

而公元前300年，欧几里得写下的《几何原本》标志着人类从理性角度系统认识世界的开端。该书是几何学史上的里程碑。将几何学的理论与实践紧密结合并推向新高度的是达·芬奇。在他的推动下，几何学不再只是抽象的推理，而是与实际生活和科学研究紧密相连，逐渐发展成为一种严谨的科学。

图2-22 黑色方块作品

图2-23 红蓝椅

达·芬奇最著名的代表作之一《维特鲁威人》由一个圆圈、一个正方形和一个裸体男人构成。男人的伸展姿势同时也代表了“十”字形和五角星。现代以来，这幅画多被各种文化作品视为神秘学的象征符号，但事实上，这可以说是最早的将人体完美比例构成展现出来的作品，是几何科学的代表。

胡夫金字塔从建立至今，也一直有人在从科学的角度对其进行解释。如金字塔底正方形的边长×2÷金字塔的高，恰好约等于3.14，也就是π。

这些测量、观察和总结，代表了人们从蒙昧几何时期到科学对待几何的过渡。也许它们放在现代是不够严谨的，但却有着别样的神秘和浪漫。

20世纪，人类掀起了一场从绘画到设计，再到建筑的美学革命，颠覆了十几个世纪以来的审美观念。而这场变革的主角，便是几何。

在1915年举办的名为“展示0.10（0.10 Exhibition）”的展览中，俄国艺术家卡西米尔·塞文洛维奇·马列维奇（Kazimir Severinovich Malevich）展出了一幅只绘有黑色方块的作品（图2-22）。

他将自己的作品称为“至上主义”，并在同名宣言里这样说道，“艺术不再服务于国家或宗教。它不再描摹历史中的道理，它想和客观的物性分道扬镳。它相信自己可以脱离事物而存在，为艺术而艺术”。尽管这段话带着马列维奇的极端个人色彩，但它确实传达了那个时期的美学变革特点：更加追溯本源，以及更加追求功能性。

在这两个原则下，在第一次世界大战和第二次世界大战期间，各种新风格流派层出不穷。它们的共同之处是，都对几何有种狂热的痴迷。那个年代最先锋的设计师和艺术家，往往使用简洁的几何和明亮的色彩挑战传统审美。比如被视为荷兰风格派代表人物的格里特·托马斯·里特费尔德（Gerrit Thomoas Rietveld），用“红蓝椅”（图2-23）和“Z”形椅，挑战并改写了当时的设计潮流。

二、方形结构的应用

虽然形状通常是视觉世界的基石，但正方形（及矩形）是平淡的方块。因此，我们通常将它们与稳定性联系起来。它们让我们想起摩天大楼和高层建筑，尤其是在堆叠的时候。它们还倾向于暗示重量和不可移动性。就像建筑物一样，正方形能够稳固地站立。同样，方肩或上半身的角色可能给人以强壮、威严或不动的印象。就个性而言，正方形可以暗示可靠性和严厉性。

如果大家仔细观察，会发现我们生活中有绝大多数的产品造型是方形。大到房屋建筑的造型，小到一块橡皮，都是大大小小的方形结构。

说起方形设计，必然绕不开包豪斯。在造型的表现上，包豪斯推崇“立方体就是上帝”，构成的作品都要尽量简化为最简单的几何图形，如立方体、圆锥体、球体、长方体。

19世纪70年代博朗的早期设计也极具代表性，这些设计出自德国工业设计大师迪特·拉姆斯（Dieter Rams）之手，其中大多数作品都形似方形（图2-24）。迪特·拉姆斯作为简约主义设计风格的代表人物、新功能主义的创始人和代言人，是建立起20世纪工业设计标准的大师级人物。

方体是我们日常生活中最常见的形体，以方体为基础可以延伸出不同的产品造型，给人带来无限的设计灵感，简约时尚的方体造型没有烦琐的装饰和精巧的雕刻，它让设计师的想法回归最初，从而产生成千上万的设计想法。

（1）香薰加湿器。香薰加湿器的设计师是罗宾（Robin）（图2-25）。“方寸之间，自有天地”。将大千世界通过简化映射在一个小产品上，结合小盆景的概念，可以装点人们的生活或工作场景，让人们的桌面更加生动。

（2）立方体投影仪。立方体投影仪的设计师是周智明（图2-26），其是一款针对家居环境设计的投影仪，设计师运用家具的一些特征，如竖条沙发绒布、简洁的整体、金属的点缀让其更能够融入家居环境，更低调内敛，在产品设计的颜色、材料和工艺上参考北欧家居装饰风格，以亲和、自然、柔和的色调等特点去展示这个产品。

（3）X-Press充电宝。X-Press充电宝的设计师是斯科特·约姆（Scott Yeom）（图2-27、图2-28）。X-Press是一款由优质材料制成的无线充电宝，毛刷加工铝和绒毛加工绒面革之间的对比材料性能和谐互补，创造出其独特的优质外观。该产品有两种颜色：薄荷色和薰衣草色。

（4）Chefia加热器。该款加热器的设计师是宋庆浩（图2-29）。这款加热器，非常简单和现代，它没有单独的电源按钮，用户可以通过模拟表盘调节电源和加热强度。

（5）O'刃插座。如图2-30所示的这款插座的用户可自由选择将其插拔到任何方便的方向，它可以很容易地插入。此外，它装有LED光照，能在黑暗的条件下被快速找到。

图2-24　博朗早期设计作品

图2-25　香薰加湿器

图2-26　立方体投影仪

图2-27　X-Press充电宝使用状态

图2-28　X-Press充电宝

图2-29　Chefia加热器

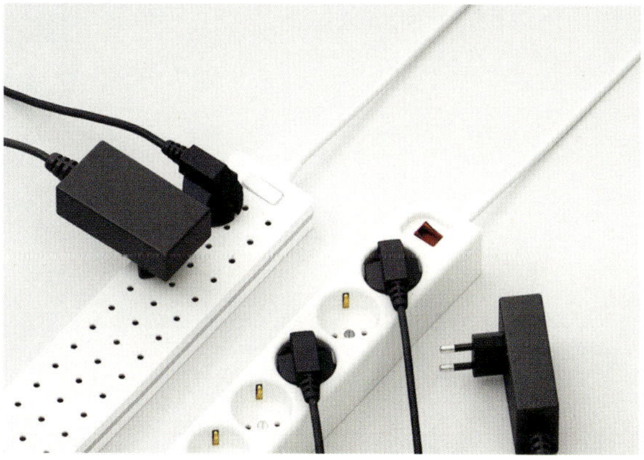

图2-30　O'刃插座

三、方体结构的设计

从立体构成中，我们得知方体是一切造型的起源，学好方体改造是学习工业设计的基础。那么如何在一个方体的基础上来做设计呢？

1. 倒圆角设计

倒圆角其实是将方体的直角边圆弧化，在造型设计中，是最基础也是最简单的，而且表达效果也比较显著，如图2-31所示。

偏圆润的倒角，能让产品显得更加亲和友善、具有吸引力。像很多日系的产品就常用到这一手法。最具代表性的是深泽直人（Naoto Fukasawa）的±0品牌产品，其甚至直接以倒圆角为灵感，设计了2.5 R整个系列作品（图2-32）。2.5 R系列作品包括了面包机、电咖啡壶、椅子等20种产品，每一种都运用了2.5 R的倒角弧度。

为什么会选用R 2.5这个数值呢？因为它是最接近木材自然弧度的，就是当木材被剥下树皮之后，不对它做手工打磨，然后在一段时间内的使用过程中，磨损成了一个舒服的圆角大小，而R 2.5正好最接近这个尺寸。另外还有一个原因是，当流行使用塑料磨具时，外壳最大的径向厚度是2.5mm，而最大的R角也是2.5。

2. 材质或颜色分层工艺

还有一种比较常见的基本方法是，在不打破方形整体造型的情况下，运用材质或颜色来给产品做分层。像这款哥特式设计的烤箱（图2-33），就将布料质感与金属进

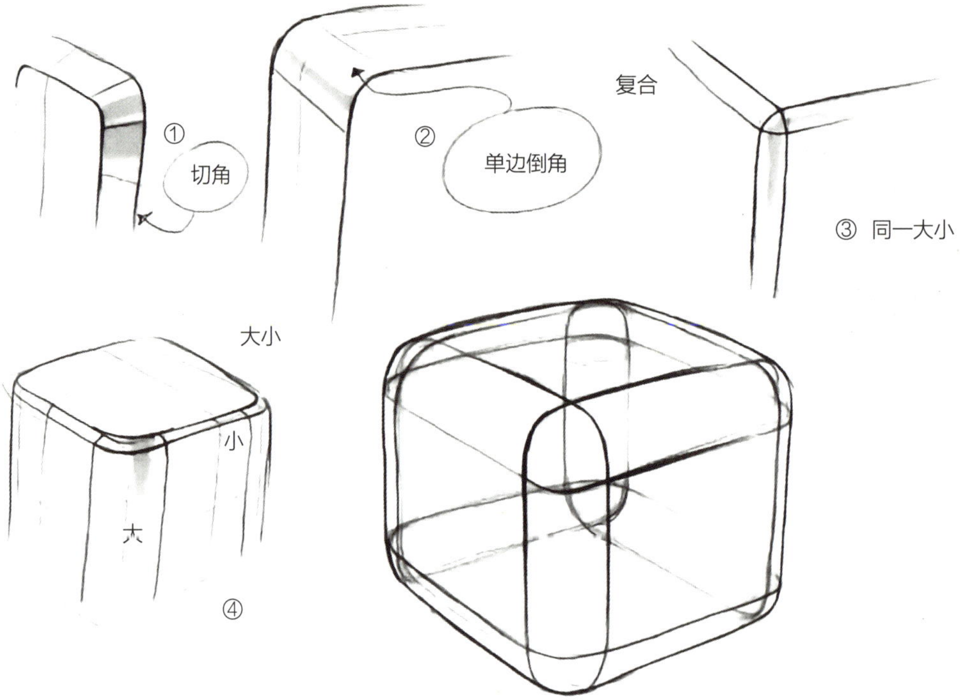

图2-31　倒圆角设计

图2-32　2.5 R系列作品

行了完美融合，一改以往金属烤箱带给人过于硬朗的感觉。

该B&O 便携蓝牙音箱（图2-34），采用铝+橡胶+塑料+皮革的材质组合，在外形上不仅延续了时尚设计风格，音质也显著提升，仿佛把乐队搬到了眼前。

3. 布尔运算：减法（切割与弥补）

布尔运算减法的运用是对基本形进行切割，利用切割体的大小、角度，对方体进行改变。像我们日常使用的饮水机、咖啡机之类，都是对造型减法的灵活运用。利用减法切割掉多余的部分，剩下的负空间正好可以作为设计接水出口的部分。

如图2-35所示是心想饮水机，这类小型厨电为了方便整齐收纳，大多采用了方体作

图2-33　烤箱

图2-34　B&O 便携蓝牙音箱

为基本形展开设计，但为了进行不同功能区域划分，所以比较容易想到用减法来对它进行切割或弥补体块进行叠加组合。为了更直观地表达，我们可以为上面的饮水机画造型草图，更清楚地感受它是如何从一个方体演变成产品的。

这样一来，布尔运算减法的应用更清晰明了了，主要是在设计的过程中可以大胆进行组合，这样才能有新的发现，同时，在这个过程中也要注意保持产品造型整体的统一性，外观保持一定的美感，才不会显得过于零碎。

4. 布尔运算：加法

布尔运算加法简单来说就是体块穿插，只需将两个基本形叠加组合构成一个新形体。在长方体上叠加几个圆柱，加上一些细节设计和颜色，极致简约而不失人气。

猫王·原子唱机B 612（图2-36），其外观设计灵感来源于黑胶唱片机，借方体和圆柱这样的几何形体叠加，配上复古绿与樱桃粉两种颜色，摇身一变成潮流单品，能轻易俘获各类人群的心。

5. 斜面

使用过平行切割后，不妨试试斜面切。这款为艾玛·斯库利·加勒（Emma Scully Callery）画廊设计的桌面镜（图2-37）采用斜切后打造出智能手机标志性造型的整体设计。镜子的大部分设计都保持了原材料本身（机器加工铝材）的状态，看上去仿佛从整块石料中开采出来一般。其像许多带显示屏的产品一样，为了适合人眼视线

图2-35　布尔运算减法的应用（心想饮水机）

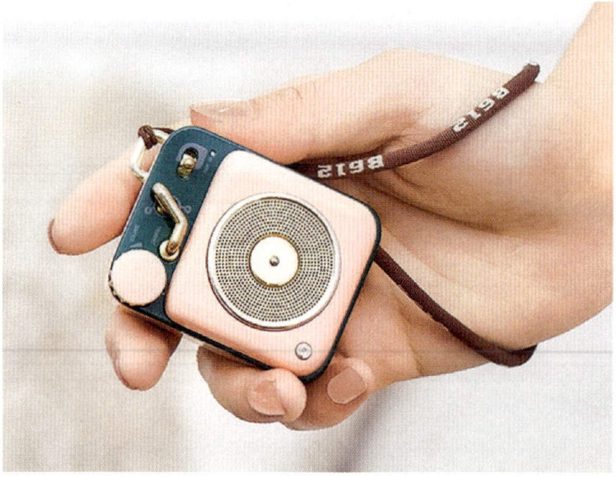

图2-36　布尔运算加法的应用（猫王·原子唱机B 612）

图2-37　斜面的应用（桌面镜）

图2-38　平面分割的应用（凉水壶）

观看屏幕，设计的斜面恰到好处。

6. 平面上的分割

通过平面分割可以打破方体的单调性。如图2-38所示的这款凉水壶，其最大的特点就是采用方形的瓶身，瓶盖与瓶身进行了分割，旋转瓶盖可以控制开关。这样的设计易于收纳，整齐排列不占用多余空间，可以直立也可以横放。

日本新生代设计师佐藤大（Dai Sato）就用非常规的拉链作为分割线，对行李袋表面采取五种分割方式（图2-39），增加了袋子的许多实用功能。拉链在灰色的行李袋表面形成了白色的十字交叉，让一个简单的袋子同时拥有了两个不同方向的开口。

其实大部分的产品都是通过两种及以上的几何形体进行相加、相减后，再次组合而成的，设计的时候可以大胆开展头脑风暴。

比如下面的松下破壁料理机（图2-40），其结构设计步骤如下：

（1）主体是由圆柱+长方体进行体块穿插。

（2）功能选择按钮是在斜面上叠加圆柱。

（3）旋钮式的设计也方便料理时进行功能选择。

（4）斜面切割后的电子显示屏设计符合人正常观看的视线角度。

（5）破壁机上半部分采用透明材质，可以清晰看到食物被处理的情况。

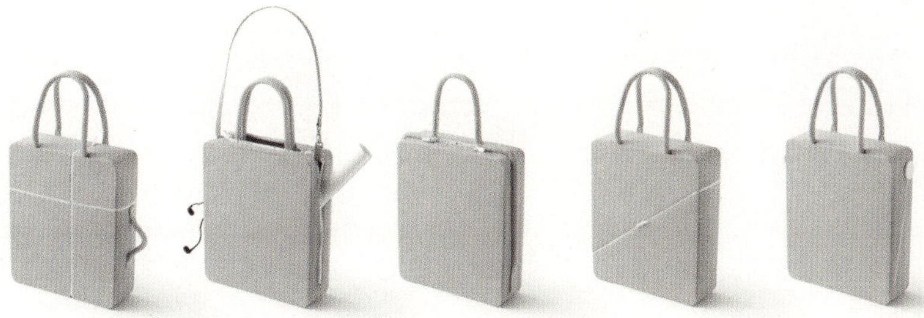

图2-39　平面分割的应用（行李袋）

图2-40　松下破壁料理机

第五节　自然界中的连接结构

自然界中的连接通过各种各样的方式进行着，如动物的巢连接结构、植物的缠绕结构等。

一、蜂巢连接结构

18世纪初，法国学者马拉尔迪（Maraldi）曾专门测量过大量蜂巢的尺寸，令他感到十分惊讶的是，这些蜂巢组成底盘的菱形的所有钝角都是109°28′，所有的锐角都是70°32′。后来，经过法国数学家约翰·海因里希·克尼格（Johann Heinrich Koenig）和苏格兰数学家麦克劳林（Maclaurin）从理论上的计算，如果要消耗最少的材料，制成最大的菱形容器正是这个角度。

蜂窝结构（Cellular Structure）是覆盖二维平面的最佳拓扑结构。蜂窝结构是蜂巢的基本结构，是由一个个正六角形单房、房口全朝下或朝向一边、背对背对称排列组合而成的一种结构。这种结构有着优秀的几何力学性能，因此在材料学科有广泛应用。此外，在日常生活中，也指像蜂窝似的多孔形状，如煤、混凝土构件上的现象。

科学家们研究发现，正六角形的建筑结构，密合度最高、所需材料最简、可使用空间最大。因此，可容纳上万只蜜蜂居住。这种正六角形的蜂巢结构，展现出蜜蜂惊人的数学才华，令许多建筑师自叹不如、佩服有加。从这个意义上说，蜜蜂称得上是“天才的数学家兼设计师”。蜂巢这个神奇的东西，因它本身独特的形状给人们带来了很多灵感。

（1）蜂窝式航天器。蜂窝的结构给航天器设计师们很大启示，他们在研制时，采用了蜂窝结构：先用金属制成蜂窝，然后用两块金属板把它夹起来就成了蜂窝结构（图2-41）。这种蜂窝结构强度很高，重量很轻，还有益于隔音和隔热。因此，当前的航天飞机、人造卫星、宇宙飞船在内部大量采用蜂窝结构，卫星的外壳也几乎均为蜂窝结构。因此，这些航天器又统称蜂窝式航天器。

（2）蜂窝积木玩具。蜂窝结构的积木（图2-42），一环套一环，任意角度都称为完美组合，能够解锁多种玩法，美妙而令人沉醉其中。

（3）蜂窝轮胎。耐动轮胎胎体（图2-43）采用蜂窝状设计，既坚固又能让重量均匀分布，最大的特点是免打气，既减轻了轮胎的总体重量，又兼具时尚外形，让轮胎具有更高的弹性、舒适性。

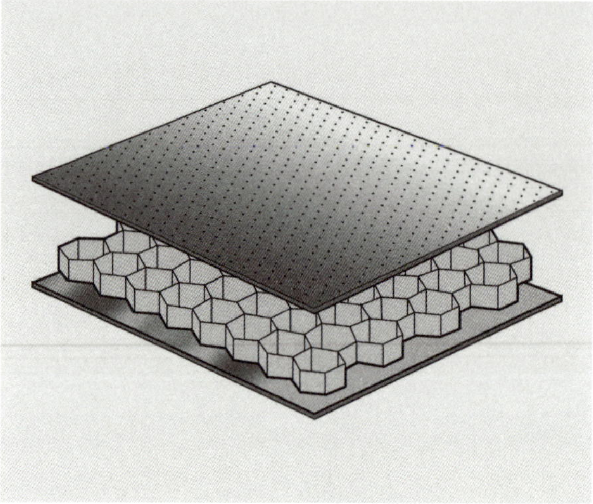

图2-41　蜂窝结构

图2-42　蜂窝积木玩具

图2-43　蜂窝轮胎

二、攀缘植物缠绕连接

自然界中存在许多攀缘植物，这些植物非常擅长抓住细细的物体，例如绳子或竹竿，从而将几个物体连接起来。

想要感受自然美感的产品设计，就需要在材料设计及工艺上面下功夫，如使用藤条进行的创意产品设计，更具自然美感。藤条，天然编织材料，也

图2-44　Lier Sun藤条吊灯

称“藤蔑”，一种质地坚韧、身条极长的藤本植物。藤条外皮色泽光润，手感平滑，弹性极佳，似蔑而非蔑，也常用此编制藤椅、藤箱等日常用具。

（1）Lier Sun藤条吊灯。Lier Sun藤条吊灯创意设计（图2-44），其可以美化环境、提供照明。这款吊灯，基于一个简单的管形，由于藤条的交错，产生一种不同寻常的纹理，光线很难透过两边，主要的光线向下流动，光源在灯口处汇集成阳光似的光线。非常适用于咖啡厅、餐馆以及家里的餐厅、卧室的床头柜等地方，不仅起到了照明作用，还美化了环境。

（2）仿藤条自行车锁。帅气的自行车当然要配一把漂亮的锁，不过传统的自行车锁外形呆板，根本没有美感可言。在首尔举办的自行车设计比赛中，这把仿藤条设计的车锁（图2-45）格外引人注目。它一改传统车锁陈旧的外形，抛弃了沉重的大块锁头和容易生锈的大铁链，大胆采用了绿色硅胶包裹的柔软细钢丝锁链和拨号式密码锁。锁链上面还搭配绿叶作为点缀，无论是锁到柱子上还是缠绕在车身上，都充满了勃勃生机。

（3）花瓣弹性藤条座椅。受到大自然鲜花绽放时优美形态的启发，葡萄牙设计师设计了这款“花瓣”形状的公共座椅（图2-46）。它的五个座位由高密度的聚丙烯和回收塑料制成，靠背则由橡树藤条编织而成。座椅底部还加装了废旧汽车上的减震器，坐起来更加舒适。

（a）仿藤条自行车锁使用状态

（b）仿藤条自行车锁未使用状态

图2-45　仿藤条自行车锁

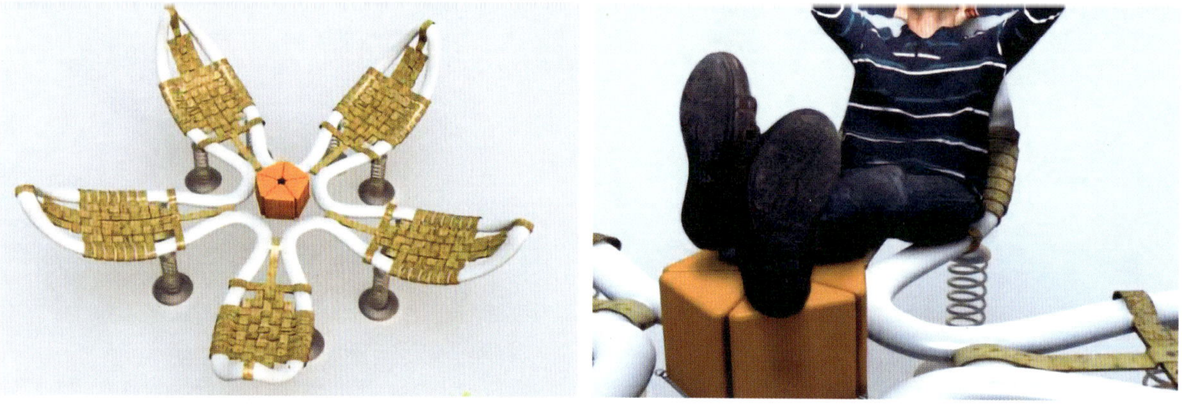

图2-46　花瓣弹性藤条座椅

? 思政与思考题

1. 你还知道自然界中的哪些结构能应用在设计上？举例说明。
2. 选取一个产品，分析其属于何种结构，并对其结构的设计步骤进行分析。
3. 在自然界中，从蜂巢的六边形结构、雪花的对称形态，到贝壳的螺旋曲线，这些精妙而稳定的自然结构体现了什么样的智慧？请结合具体实例，谈谈你对“人与自然和谐共生”理念的理解。

第三章
人造产品的结构

3

有史以来，人类是何时开始造物活动，如何进行结构设计，世界各地的历史、文化对造物活动产生了哪些影响，始终是吸引人们思考的巨大谜团。各地人造产品的结构不同，经研究是受到不同文化因素、生理因素等的影响，同时，人造产品在很大程度上会仿造大自然中出现的实物进行仿生设计。

第一节　文化因素

文化是个极其宽泛的概念。在人类的社会生活中，各种现象无不与文化相关联。从衣食住行到人际交往，从风土民俗到社会体制，从科学技术到文学艺术，一切由人所创造的事物，都是一种文化现象。被称为人类学之父的英国人类学家爱德华·伯内特·泰勒（Edward Burnett Tylor），是第一个在文化定义上具有重大影响的人。泰勒对文化所下的定义是经典性的，他在《原始文化》“关于文化的科学”一章中说：“文化或文明，就其广泛的民族学意义来讲，是一复合整体，包括知识、信仰、艺术、道德、法律、习俗以及作为一个社会成员的人所习得的其他一切能力和习惯。”显然，这个定义将文化解释为社会发展过程中人类创造物的总称，包括物质技术、社会规范和观念精神。从此，泰勒的文化定义成为文化定义现象的起源，后人对这个定义褒贬不一，同时也不断提出新的观点。关于什么是文化？到目前为止竟然已经有多种定义。文化定义本身也成为一个有趣的、争论不休的学术现象，美国学者克莱德·克鲁克洪（Clyde Kluckhohn）的论点对我们也许有启发意义：“文化是历史上所创造的生存式样的系统，既包含显性式样又包含隐性式样；它具有为整个群体共享的倾向，或者在一定时期为群体的特定部分所共享。”

在哲学上，通常把文化区分为物质文化、制度文化和精神文化三个层面。物质文化实际是指人类在物质生产活动中所创造的全部物质产品，以及创造这些物品的手段、工艺、方法等。制度文化是人们为反映和确定一定的社会关系，并对这些关系进行整合和调控而建立的一整套规范体系。精神文化也称为观念文化，是以心理、观念、理论形态存在的文化。它包括两个部分：一是存在于人们心中的文化心态、文化心理、文化观念、文化思想、文化信念等；二是已经理论化、对象化的思想理论体系，即客观化了的思想。

而在中国，“文化”是一个古老的词汇。先秦《易传》中有：“观乎天文，以察时变；观乎人文，以化成天下。”应该是中国先民最早的对于“文化”的认识，以“人文化天下”注重的是文治修远和人伦教化。西汉以后，有“凡武之兴，为不服也，文化不改，然后加诛”和“文化内辑，武功外悠”的说法。在古汉语中，“文化”基本上指以文教化，与武力和暴虐相对。所谓“文化”的含义，本质意蕴是“人类化”“自然的人化”，它是价值观念在社会实践中对象化的过程与结果。

在人类对自然界认识和改造的活动中，设计活动是所有创造性活动的开始，设计思想的先进程度直接影响着人类文明的程度。设计的标志性成果是产品或设计活动本身，所谓产品，狭义的理解只是工厂生产出的实物，如食品、服装等。广义的产品概念，包括有形的和无形的，凡是提供给市场的、消费者认为可以用价值来衡量的，或使用后能满足消费者某种需求、某种欲望的，都可称为产品。例如，服务、咨询也是产品。而“设计活动本身”指的是社会制度、法制以及各种社会活动。因此，可以得出一个结论，即考察各个时期的人类文明程度可以从设计文化、产品文化方面进行视角切换。

一定的产品文化必然反映一定的设计文化，而一定的设计文化与它所处的社会文化背景是紧密联系的，也与生产或提供它的企业文化密不可分。产品文化是社会文化与企业文化共同作用的产物，在社会文化背景相对稳定的情况下，产品文化更多体现的是企业文化的内容。产品文化直接作用于社会广大的消费者，消费者更多是从产品或服务的消费中来感受企业文化的。消费者对企业的认同和对企业文化的认同，是通过接受其产品与蕴含在其服务中的产品文化来实现的。

纵观世界各国与各民族发展的历史，我们可以清晰地看到，设计与文化在人类发展的过程中从来都是同步的。因为文化是设计的基础，设计是文化的载体。这其中，关键是注意在产品中体现的文化内涵。其包括：

（1）文化情调。对于绝大多数消费者来说，购买某种商品，往往要考虑商品的情调并要求能体现自己的爱好、情趣和欣赏品位。因此，产品的设计者应以情调为切入点。

（2）文化功能。其主要体现在产品的实用功能和审美功能上，这是产品设计的核心要素。因为这反映出商家及其产品的品位，同时也反映出使用者的价值取向、个性特征、身份地位以及文化认同的方向。

（3）文化心理。要注重消费者的心理因素，切忌自以为是。

（4）文化精神。产品应体现出一个民族的精神和一个时代的精神，以及一个企业家的精神。

在现代设计中，设计师已经充分领悟到，文化是现代设计的灵魂，凡是优秀的设计，总蕴含着深厚的文化内涵。现代设计是现代物质文明和精神文明的统一体，体现着现代文化精神，反映了现代文化的面貌和民族、时代、地域等文化特色。设计作品不仅是一幅广告、一件产品这样的物化形态，更是一种新的生活方式，体现出一种新的文化。它必须充分考虑产品的文化功能，最大程度地满足消费者的文化心理，引导人们的审美观念和审美需求。因此，现代设计就其本质意义来说，是一种文化创造行为，设计师则承担了文化传播者的角色。因此，当人们都说在产品中不仅体现功能、体现美感，还体现文化时，那么我们就要思考设计与文化到底有什么联系呢？

总的说来，设计不仅满足了功能的需要，还将人类的精神意志（本身就是文化）体现在造物中，并通过造物具体设计了人们的物质生活方式。而生活方式恰恰就是文化的载体，一切文化的精神层面、行为层面、制度层面和器物层面最终都会在人的某种生活方式中得到体现，即在具体的人的层面得到体现。所以说，设计在为人创造新的物质生活方式的同时，也是在创造一种新的文化。

那么，作为设计人应该以什么样的发展观看待文化呢？文化就是生活。设计创造本不存在的具体器物，体现着人们对生活的不同认识和态度，并在体现这种精神因素的同时以具体的器物存在设定人们的日常行为，从而引起人们生活方式的变化。可以说，文化的沿革正是经过有意或无意的“设计”而实际进行着的。文化的中心是人。文化本身的发展也好，设计本身的发展也好，都存在一个评判标准和向哪里发展的问题，即发展的终极价值问题。这个终极价值只能是人，只能是人的发展。

基于这样的认识，我们看待文化的发展就可以找到这样一条主线：文化的发展，就是人类不断从实践中认识不断发展的自我，并以这种对自我的认识来关怀自己的实践过程。而这种自我对实践的关怀，正体现在人们对自己生活方式和生产方式的“设计”中。

产品结构设计作为人类实践活动中的手段历来被以“文化”的方式传承，并成了“文化”的组成部分被传承下去。设计是社会文化的一个有机组成部分，它在文化的参与和制约下展开和完成，并体现出当时文化的风貌。不同的文化有着不同的精神风貌和文化心理结构，或者说文化心理逻辑，反映不同的价值和审美观念，它们在工业产品、建筑、服饰、环境建设等设计过程中起到不可忽视的作用。纵观设计发展的历史，我们可以发现，任何时代的设计都是与当时的文化紧密联系在一起的。

一、中国造物设计的文化

所谓中国造物设计的文化基因，是指我们跨入文明门槛以后，又经过一段时间的发展而确立下来的对民族造物设计文化具有指导意义的最“本元”的设计文化思想。在中国传统设计文化系统中，堪称“基因”的设计思想有天人合一、文质彬彬、中和为美、重己役物、审曲面势、各随其宜等。

1.“天人合一”

“天人合一”是中国古典哲学的思想核心，是中国传统文化最深层、最基础的理念，是中国传统文化的“基因”，也是具有元典意义的设计观。“天人合一”的思想发源于先秦，主张人与自然的和谐统一，且贯穿中国传统思想文化史，渗透中国古代的各个文化领域，潜移默化地影响着国人的思维言行、人格理论和传统造物设计思想。

“天人合一”作为中国文化的“基点”，是中国古代造物设计强调人与自然和谐的设计追求，所蕴含的是人与自然的辩证统一关系，反映在造物行为上表现为“法天象地的艺术思想、收天纳地的空间意识、融天入地的造物观念、顺物自然的造物原则”。也因有了“天人合一”这一文化内核的牵引，才形成了具有民族特质的造物设计文化。

在造物设计实践中，中国传统建筑的空间营构较早地彰显了“天人合一”的设计思想。中国传统建筑是国人探索自身与自然关系的典型设计，其以土木营构方式，阐释了中华民族尊重、敬畏自然，恋山水、接地气、依草木的营构情怀与独特的象法宇宙万物的造物观。在建筑类型上，传统建筑以土木建筑为主流，主要包括宫殿、坛庙、城楼、府邸、楼阁、寺观、园林、祠堂、民居等，以及佛塔、牌坊、碑碣、华表等建筑小品。它们虽然具有一定的时代、地域和类型风格的差异，但在空间布局和风格形式上，却始终融入“天人合一”的设计思想，使构筑物有机地嵌入自然中，成为大自然的一个有机组成部分。

“天人合一”的设计思想在园林设计中有更突出的表现。中国式的园林是以模仿自然山水且使之亲和宜人、可居可游为基本类型，有别于强调空间驾驭、追求规整秩序的欧式古典园林。中式造园设计的艺术追求取法自然，赋予空间精神意蕴，达到“外师造化，中得心源”与“虽由人作，宛自天开”的境界。中国人这种“天人合一”的山水自然观照，使模山范水成为中国造园艺术的最大特点。

中国园林在选址、布局和配置建筑、山水、植物上，竭力营造与大自然和谐的氛围，其构合元素，虽经“人化”的设计造作，但呈现出的状态依旧是自然而雅和的，以追求意境美为极致，以妙合自然、不见人工痕迹为重要的美学追求，着力显示纯自然的天成之美，将人与自然的亲和、统一感应推向了极致。

2. “文质彬彬”

《论语·雍也》中孔子曰：“质胜文则野，文胜质则史，文质彬彬，然后君子。”其中“质”是指事物的内在本质属性，继而可延伸为内容，还可看成伦理、道德。“文”具有外在形式美的含义。“野”指粗鄙，缺少适当的文饰，是质的专横与自闭。“史”就是华丽的虚饰。孔子主张不偏不倚，扬弃“文胜质”“质胜文”两种片面倾向，做到“文”与“质”的协调与统一。“彬彬”指二者的恰当配合才是一种完美状态。

“文质彬彬”对于造物设计而言，指装饰与功能、形式与内容的和谐统一，阐释了适度设计的观念，是一种不偏不倚的中正、适宜之境界。它体现了人类在造物活动中关于根本需要和终极目标的思考，并由此规范指导人们的造物活动。这一观念对传统造物设计产生了深远影响，在中国建筑设计和日用器物设计中都有很深刻的体现，并成为传统造物设计实践活动的指导原则。

3. “中和为美”

中国传统造物设计要求器物“适宜”为美，强调对度的把握，这个度即“文质彬彬”。一方面，需符合大众的审美心理；另一方面，需符合客观物性与社会人伦，由此达到“中和为美”的审美追求。

“中和为美”可以从三个方面去理解：其一，所造之物的属性应当不过轻或过重、不过大或过小、不过长或过短，以适宜为“美”即“文质彬彬”；其二，对于不同属性的材料可以相宜而并用；其三，取长补短，兼容并蓄。“万物负阴而抱阳，冲气以为和”(《道德经》)，“中和之美”与天人合一、天人相通、天人感应、天人合德、天人合道的生命意识相一致。如果要加以区别，“天人合一”偏重设计精神，“中和之美”则偏重设计方法。

4. “重己役物”

“重己役物”是由荀子提出的处理人与物关系的主张。“重己”即人是物的使用者，注重人本身；“役物”指器物的核心价值在于使用功能而非器物的形式因素，造物设计的目的是解决问题，有利于人的生活。由此，形成对待器物设计的基本态度是：让器物服务于人、适应人、为人所用，而非人适应物。这也体现了“致用利人”的价值观念，人是器物的驾驭者和使用者，应该将满足人的需求为设计出发点，而不是将造作器物作为财富的象征。

“重己役物”阐明了“物为人役，进而消除物役”的态度，暗含了人性化设计理论。道家著作也有相关论述，如“不以身假物”“不以物挫志”，即“物而不物，故能物物”，强调了人在造物设计中的主体地位，体现了对人性的尊重。

5. “审曲面势”

“审曲面势”强调因材施用、因形就势、因地制宜的设计要求。《考工记·总序》提出“审曲面势”。“审”指考察，“曲”指形态，“面”指应对，“势”指性能；即指根据物材的自然属性，并观察质料本身的形状、结构，在此基础上根据所需加工制作，形成器物。

如传统家具设计除对造型与功能的考量外，还需充分考虑如何利用木质的特性与纹理设置不同的部位和结构；又如玉器制作通常利用璞玉的“巧色”设计出既能凸显材质特点又顺应功用的器物。“审曲面势”的核心思想是物尽其用，因材施工，制作出与之质料相宜的形态与装饰器物来。《考工记》载：“天有时，地有气，材有美，工有巧。”在造物设计中强调“天地材工，各随其宜”，体现了全面设计的思想。“天有时”强调了气象时令，“地有气”体现了设计的地域性，“材有美”代表了设计取材的考究性，“工有巧”彰显了造物者的技艺水平。优秀的器物造作不但需顾及材料的优劣、制作的工艺，还需考虑地域文化与时机因素。这一设计思想在全球化语境的当下，更能凸显“天时”——造物的时尚性与造物的本土性的文化意义。

交椅（图3-1），也称胡床，原为中国古代马上民族的用具，通常被认为是从席地而坐向椅坐的转变。交椅的结构是前后两腿交叉，交结点为轴，上横梁穿绳代座，可以折合，上面安一栲栳圈儿。椅圈一般由三至五节榫接而成，下由八根木棒交结而成，交结关节处，多以金属件固定。整个造型，从侧面看似多个三角形组成，线条纤巧活泼，但不失其稳重。因其两腿交叉的特点，遂称交椅。明清两代通常把带靠背椅圈的称为交椅，不带椅圈的称为“交杌”，也称“马扎儿”。交椅可以折叠，携带和存放十分方便，它们不仅在室内使用，外出时还可携

图3-1　交椅

图3-2　圈椅

带使用。宋、元、明乃至清代，皇室贵族或官绅大户外出巡游、狩猎，都带着这种椅子，以便主人可随时随地坐下来休息，这也是交椅又被称为“行椅”和“猎椅”的原因。

圈椅（图3-2）是由交椅发展而来的。交椅的椅圈后背与扶手一顺而下，当人坐下时，肘部、臂膀一并得到支撑，很舒适，颇受人们喜爱。后来逐渐发展为专门在室内使用的圈椅。它和交椅所不同的是不用交叉腿，而采用四足，以木板作面，和平常椅子的底盘无大区别，只是椅面以上部分还保留着交椅的形态。这种椅子大多成对陈设，单独摆放的不多。圈椅的椅圈因是弧形，所以用圆材较为协调。圈椅大多采用光素手法，只在背板正中浮雕一组简单的纹饰，但都很浅。背板都制作成“S”形曲线，是根据人体脊椎骨的曲线制成的，为明式家具科学性的一个典型例证。

6.“各随其宜”

“各随其宜”体现了设计的灵活性和可变性，在具体的造物设计过程中应充分考虑文化、习俗、地理、气候、时节等综合因素，不受制于既有经验与规范的束缚，展现出随机变化、灵活运用的设计智慧。

7.“人性化设计”

在全球化与本土化交织碰撞的今天，在日益浓厚的跨文化境遇的当下，要重新确立中国艺术设计独立的自我阐释的力量，须找到可资重建和再造自我表述机制的根源性的东西。这根源性的东西既不是西方的，也不是当下的，而是盘亘于中国传统造物理念的文化基因。

具有基因属性的中国造物设计观，建构了传统造物设计的文化图谱，现今，它同样具有现实有效的启示价值。当下，一些常为设计界乐道的现代设计理念，如“可持续设计”“绿色设计”“人性化设计”等，与之相连的设计方法与技术手段，虽与古代设计有着形式上的差异，但在设计观念上却显现出一种超越时空的回应。

例如，“人性化设计”理念，就其所指的内容而言，与“重己役物，致用利人”所强调的以人为主体，追求实用性、功能性的观念的本质是相一致的。又如，“天人合一”的设计观所体现的保护与尊重自然，且与之和谐共处的思想，与当下所倡导的合理开发利用自然的观念是相契合的。再如，“本土化”与“民族化”的设计观念，其本质是要求与当地的人文、地理、风俗等地域因素相结合，实现从单调的国际风格设计转为多元的本土化、地域性设计。

二、中西造物设计之比较

造物设计的内在驱动与本质属性是“解决问题”。当代艺术设计需要有建设资源节约型、生态环境良好型社会的历史担当。当下我们所面对的人与自然的关系问题是严峻而复杂的，为解决这些决定人类未来命运的战略问题，中国传统造物设计的文化基因所传达出的设计理念在协调人与自然的相互关系方面，蕴含着极富洞察力的思想。

西方“征服自然”式的观念值得反思，虽然这一观念刺激与推动了人对客观世界的理性认识和技术征服，但也隐含着人对自然过度开发与利用的危机，从而导致了各类生态危机，如能源短缺、大气污染、生态严重失衡等全球性消极后果。

中国传统造物设计的文化基因所闪烁的智慧之光，应对上述问题具有深刻的现实意义，其“天人合一”的设计思想可以给予现代人诸多教益，对我们建立人与自然和谐的社会，对于合理把握传统设计文化与现实的关系，不乏思想启迪，能使我们在向自然索取的时候，更为理性、节制、科学地认识“万物—自然—人类”三者的关系，从而有利于建构出真正意义上的文明社会。

缺乏文化内涵的设计，如同无源之水、无本之木，将随着时间的流逝而消亡。文化基因作为造物设计的思想内核，构建了特定的设计文化、形态，且内在地决定着相应的设计形态样式、风格特征和形式变迁。由特定文化基因引发的设计结果，自然能以区别于他者的面貌出现，以其独特的话语体系和言说方式表达出一个民族对于设计文化的思考与审美追求，从而显现出独有的艺术特质。

中国传统造物设计的独特面貌正是这一基因力作用下的自然生发。“对未来的瞻望有多远，决定于回眸历史有多深。”只有深入到民族设计文化结构系统的深层，探寻中国造物设计的文化基因，才能真正认识设计文化内在运作的机制，从而对造物设计文化所呈现的面貌做出客观而科学的理解。

第二节　生理因素与人机工程学

人造产品是为了人使用而设计的，所以在设计过程中需要考虑人的生理因素。人的生理因素主要体现在人的形态特征参数、人的感知特性、人的反应特性，以及人在劳动中的心理特征。人机工程学（Man-Machine Engineering）是研究人、机械及其工作环境之间相互作用的学科。人机工程学以人的生理、心理特性为依据，分析研究人与产品、产品与环境的关系，人机工程学与产品设计有工作对象和目标的一致性，人机工程学为产品设计中考虑“人的因素”提供人体尺度参照，为物的功能合理性提供科学依据，为坚持以人为核心的产品设计思路提供工作程序。人机工程学与产品设计密切相关。本书将以案例来说明。

一、人机工程学设计案例

1. 工作座椅设计

人们在生活和工作时，离不开座椅，特别是以坐姿进行工作的人，每天都有1/3以上的时间在与座椅打交道。因此，座椅设计除了材料运用得当及造型大方美观以外，更重要的是要符合人机工程学设计原则，即进行座椅设计时必须充分考虑人体的坐态生理特征，让坐在其上的人可以得到更好的状态。现代座椅的设计要可靠、耐用、安全，更重要的是它的使用功能与舒适度，各类座椅都应根据人机工程学的基本法则，结合人体的生理和心理需求，设计出合理的座椅尺度和空间距离，给使用者设计与制造出最大限度的自由活动空间以及更多的方便和安全感、视觉美感等。座椅的实用程度，是通过人们的反复使用、接触与鉴别加以验证的，座椅作为一种居室文化的载体发展到今天，它已经是现代人类生活中调剂居室环境的艺术品、装饰品，是融艺术与实用于一体的全新消费品。

坐姿是人体较自然的姿势，它有很多优点。当站立时，人体的足踝、膝部、臀部和脊椎等关节部位受到静肌力作用，以维持直立状态；而坐着时，可免除这些肌力，减少人体能耗，消除疲劳。坐姿比站立更有利于血液循环。人站立时，血液和体液会向下肢积蓄；而坐着时，肌肉组织松弛，使腿部血管内血流静压降低，血液流回心脏的阻力也就减小了。坐姿还有利于保持身体的稳定，这对精细作业更合适。在需要脚操作的场合，坐姿保持身体处在稳定的姿势，有利于作业，因而坐姿是最常采用的工作姿势。

工作座椅的设计要点：

（1）工作座椅（图3-3）的结构形式应尽可能与坐姿工作的各种操作活动要求相适应，应能使操作者在工作过程中保持身体舒适、稳定，并能进行准确地控制和操作。

（2）工作座椅的坐高和腰靠必须是可调节的。坐高调节范围在中华人民共和国国家标准GB/T 10000—2023所规定的“小腿加足高”，即360～480mm：工作座椅坐面高度的调节方式可以是无级的或间隔20mm为一档的有级调节。工作座椅腰靠高度的调节方式为165～210mm的无级调节。

图3-3　符合人机工程学的座椅

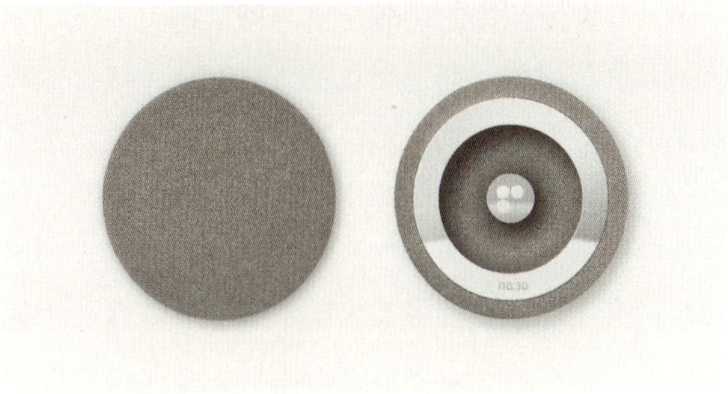

图3-4　Ganbei 开瓶器

（3）工作座椅可调节部分的结构构造，必须易于调节，必须保证在椅子使用过程中不会改变已调节好的位置，并不得松动。

（4）工作座椅各零部件的外露部分不得有易伤人的尖角锐边，各部分结构不得存在可能造成挤压，剪钳伤人的部位。

2. 鹅卵石辅助开瓶器

Ganbei开瓶器（图3-4）设计的灵感来自鹅卵石，外形也是如此。正圆的开瓶器，没有角度与方向限制，360°皆能随心使用、易于开瓶。鹅卵石形态的设计，使其在使用时可以贴合手掌的弧度，不会割伤皮肤。锌合金特殊雾面烤漆处理，看似日常却也是不平常的物件，不用时像极了一颗静静在角落的小石头，翻开则成为“撬开话匣子”的关键。

3. 盲人用竞速自行车

盲人用竞速自行车（图3-5）的设计目的是让盲人能独立骑自行车。为让盲人感知到障碍物的位置，它采用了超声波技术。这种装置是可拆卸的，在使用时可以安装在任何自行车的车把上。通过震动的车把按钮来给骑车者提供前方障碍物的反馈。该款自行车是为在有监督并受控制的环境中使用而设计的，即使如此，也为盲人提供了一种新的运动方式。

图3-5　盲人用竞速自行车

二、人机工程学在产品设计中的作用

人使用产品，就构成了“人-机”系统，要使整个系统能达到最高的效率，就必须把产品和人的生理状况视为整体，使人、机合作形成统一的功能。人机工程学在产品设计中起着非常重要的作用。

（1）为设计物的功能提供合理依据。人机的系统关系优化是为了创造最优的人机配合，优化的尺度关系、舒适的环境关系、可辨识的界面关系都是充分发挥人、机各自的特点，相互配合、协调工作的重要因素，二者之间的系统设计问题也是人和产品有机交流的重要前提。人机系统的总体设计优劣决定了人机系统中工作效能的高低。工作效能取决于物的效能和人的智能，两方面协调得好，就能形成好的功能，反之就会出现问题。

（2）为环境因素提供设计准则。产品的造型设计要符合产品的使用环境，产品的内部环境也要对人的健康与效率负责，重视细节的微观内部环境与重视系统关系的宏观外部环境构成了产品人机环境因素的主体。环境设计还应考虑绿色设计，绿色设计是站在人类根本利益基点上全方位的设计观念。它既满足人的需求，又注重生态环境的保护与可持续发展的原则，促进人与自然协调发展。

只有符合人机工程学的人性化产品设计才是人与产品完美和谐的结合，才是人性化的设计，才能真正体现出对人的尊重和关心。所以人机工程学与产品设计是密切相关的。

第三节　仿生结构

世间万物千姿百态，都是经过漫长的、优胜劣汰的竞争和千辛万苦的进化，致使在结构、形态和功能三方面达到最优设计而流传于世。我们发现，人类的创造不管多么精巧，几乎都能在大自然的创造物中找到对应的影子。于是，人们开始对大自然进行有意识地模仿，从大自然中汲取营养，借助大自然开拓思路，一门新兴的综合学科——仿生学，便应运而生了。

仿生设计并不是单纯地模仿照抄，它是吸收动物、植物的生长机理，以及一切自然生态的规律，结合设计的自身特点，而适应新环境的一种创造。

一、仿生设计的分类

仿生学运用于设计中，我们通常将其称为“仿生设计”，它是在仿生学和设计学的基础上发展起来的一门新兴边缘学科，主要涉及数学、生物学、电子学、物理学、信息论、控制论、人机工程学、心理学、材料学、机械学、动力学、工程学、经济学、色彩学、美学、传播学、伦理学等相关学科。仿生设计对于设计的启示，大致可以概括为以下几种：功能仿生、结构仿生、形态仿生、纹理仿生、声音仿生等。

1. 功能仿生

自然界总是能够以最小的物质和能量消耗实现合理的功效，就像鸟类的羽毛，小小的体积却可以同时实现提供飞行升力、防水、保温、自清洁和吸引异性等功能。自古以来，五彩缤纷的自然界强烈地吸引着人们去探索，一直是人类产生各种技术思想和发明创造灵感的不竭源泉。现代仿生学的蓬勃发展，更是让我们在形形色色的生物身上找到了无穷无尽的灵感。

功能仿生的目的性极强，就是要将生物体某种超卓功能的实现原理、结构和材料等移植到相关研究领域。常见的功能仿生目的大致有模仿生物感觉器官（眼、耳、鼻等）或运动器官（腿、臂、鳍、翅等）的工作原理、减小空气或水的阻力、提高承重能力、减小某部件的负荷、降低噪声、减小振动、减小外界物质黏附性、控制温度变化等。

功能仿生的模仿核心是功能原理，这可能表现为某种形态特征，也可能表现为某个器官的构造或某种生物材料。这些功能原理可以简单分为生物学原理、运动学原理、动力学原理、综合性原理四类。生物学原理是生物功能产生的基本原理，揭示了生物在展现生物功能时，本体的形态、结构、材料、生理、行为等与生存环境相适应的机制与规律。生物耦合功能产生的生物学原理，即自组织、自适应、自愈合、自修复等原理，是生物本体与内外环境相适合的现象。运动学原理是借助几何学和机械学等的方法和工具，分析生物体整体或部分进行空间活动时各部分的变化关系。动力学原理是运用力学和机械学等方法，揭示生物体在内外作用力的综合作用下，本体与力效应、变形、运动之间的关系及规律。生物为达到自身能量消耗最低、功能表现最优、环境适应最佳的效果，调动自身一切有利的作用和机制来完成生命活动。这一过程中往往表现为多种功能原理的综合作用，既可能是多原理同时作用于同一功能，也可能是同一原理在不同功能中均会发挥作用，这就是综合性原理的表现。

作为生物中的不同门类，植物、动物、微生物各有不同的功能侧重。植物可以通过光合作用将二氧化碳和水转化为有机物，并产生氧气，在此过程中将光能转化为化学能。动物则通过进食储存有机物，并通过呼吸作用使有机物氧化放出能量和二氧化碳。当然，植物也有呼吸作用。微生物广泛参与着众多化学反应，促进或减缓反应的进程。无生命的自然物则构成了我们生存的大环境，空气、土壤、江河湖海、山石、金属等，都有独特的性质，所有这些都可以成为设计师创意的来源。

产品的功能仿生是指通过研究生物体和自然界物质存在的功能原理，并使用这种功能原理去改变现有的或创造新的技术系统，以促进产品的更新换代或新产品的开发。人们通过功能仿生设计来便捷地实现许多原来不可能实现的目标。

（1）仿生iPad吸附支架。设计师拉迪卡·塞思（Radhika Seth）设计了一款iPad吸附支架（图3-6），展示了时尚的设计可以既优雅又实用。它的创新在于其仿生学的灵感——壁虎的吸附能力。灵感的实现则是利用了纳米发泡孔材料具有极强的吸附性

图3-6　iPad吸附支架

图3-7　大象鼻子仿生喷壶

能。虽然只是一个小小的iPad支架，却是纳米科技与设计灵感的完美结合，可谓学以致用。

（2）大象鼻子仿生喷壶。该喷壶（图3-7）是由黛安·杜皮尔（Diane Dupire）设计的，灵感来自大象的长鼻子。喷壶两侧内置滚轮，抓住“长鼻子”即可拖行，很容易从一个区域移动到另一个区域，适合儿童和老人等各类人群使用。

（3）没有指针的“雪松”时钟。这件别具一格的时钟，由日本雪松木制成的圆形框架与摆条组成（图3-8）。其表面木纹中那些真实自然的细小瑕疵得到了完好保留。种植在里面的雪松针叶，比其他植物的生命更为长久，由此延长了作品的生命。与古老的日本酿酒习俗相同，表盘上由绿变黄的时间，大约就是一整年。

（4）晨露收集器。沐雾甲虫是生活在纳米比亚沙漠中的一种神奇的昆虫，它

（a）第一天的“雪松”时钟

（b）第n天的“雪松”时钟

图3-8　没有指针的“雪松”时钟

图3-9　晨露收集器

图3-10　英雄手臂

能在朝露的沙漠中收集小水珠，将其集中在一起然后吞入体内。这款晨露收集器（图3-9）就是仿生了这种昆虫，它金属的外表能很好地抓住露珠，并将其都收集到容器里。

（5）英雄手臂（Hero Arm）。由开放仿生学（Open Bionics）公司设计的假肢——英雄手臂（图3-10），采用3D打印技术制造，属于手臂的仿生设计。它拥有正常手臂的功能，可以旋转180°以拾取物体，还可以举起重达8kg的物体。其拥有手持电话，及打蛋或轻松操作割草机的灵活性，赋予残疾人更多的力量。

2. 结构仿生

结构仿生是通过研究生物机体的构造，建造类似生物体或其中一部分的机械装置，通过结构相似实现功能相近。随着仿生学的深入开展，人们不但从外形、功能去模仿生物，而且从生物奇特的结构中也得到不少启发。在“仿生制造”中不仅是模仿大自然外部结构，而且要学习与借鉴它们自身内部的组织方式与运行模式。这些为人类提供了“优良设计”的典范。

图3-11 穿山甲背包

图3-12 鳞片支撑支架

（1）穿山甲背包。穿山甲背包（图3-11）是2010年钢铅笔设计奖（Steel Pencil Design Award）的获奖作品，这款背包的设计灵感来自拥有大型角质鳞片的哺乳动物——穿山甲。包包的外壳是可伸缩的关闭层，有磁性的材料使它们可以一节套住一节。包的内部有大型的拉链口袋，和多个小型的功能口袋，包的肩带有衬垫，且可调节。

（2）鳞片支撑支架。设计师娜塔莉·克雷斯（Natalie Kerres）在研究蜥蜴、鱼和穿山甲的鳞片后，发现这些鳞片受到威胁时，可自由卷曲成球状，进行自我保护。由此为灵感，设计出这款灵活的支撑支架（图3-12），将其佩戴在脖子上可以有效防止受伤。

（3）鱼骨趣味椅。该椅子模仿鱼骨的结构，提升座椅的舒适度（图3-13）。其采用模块化设计便于运输拼装，组装椅子的过程就像玩玩具一样。从设计到批量生产周

图3-13　鱼骨趣味椅

图3-14　仿生无人机

图3-15　放射椅子

期，反映出该款椅子可高效生产，为产品打样和批量生产提供了有力的支持。鱼骨趣味椅合乎当代行业对生存美学的寻求，围绕科技、方便、平安、品格等方面举行了立异和打磨，融入更多的潮流前卫元素，让鱼骨趣味椅的线条更美丽流畅，材质工艺讲究，质感高雅，给人前卫科技、平安靠得住的视觉感官体验。

（4）仿生无人机。设计师埃德温·范·鲁姆贝克（Edwin Van Ruymbeke）设计的仿生无人机（图3-14），它完美模仿了鸟类的身体结构，使其具备飞行能力。操作可通过遥控进行，精致而复杂的形态保证了其可以长久飞行。

（5）放射椅子。该款椅子的设计师是莉安·范·达尔（Lilian van Daal），设计师探索了单细胞微生物功能形式，并将其转化为放射椅子的框架，放射椅子是最独特的3D打印椅子，由100%可回收的聚合物粉末制成，不含一滴胶水。该种材料制成的椅子不仅具有极高的柔韧性，而且所需的制造材料很少（图3-15）。

图3-16　火山加湿器

（a）花瓣吊灯闭合状态

（b）花瓣吊灯工作状态

图3-17　花瓣吊灯

3. 形态仿生

产品的形态仿生设计是指在设计过程中，设计师通过研究生物的内外形态以及其象征寓意，将某种仿生对象的整体或局部经过加工和整理应用到产品外观上，让人产生某种联想的一种设计手法，从而带给人们返璞归真，回归自然的情感需求。形态仿生包含局部形态仿生和整体形态仿生。形态仿生设计是工业设计中应用最多的仿生设计形式。

（1）火山加湿器。火山加湿器（Volcano Humidifier）（图3-16），是设计师金大铉在2013年IDEA设计奖中的获奖作品。其主要特点是：①类似火山的造型，加水是从顶部直接往里倒，工作的时候，水蒸气也是从同一个口往外喷，配上各种不同色的淡淡的灯光特效，在传递给人清新雅致的感觉的同时，让它看上去真的就是一座火山。②有相当多的款式，而且每一款都是比照真实存在的火山的特点进行打造的，如黄石公园款、富士山款。③它工作的时候，水蒸气可以直直地往上喷，也可以从侧面往下流，还可以用各种烟圈的形式，一圈一圈地吐出，一圈一圈地上升、变淡、消失，给人不同的感受。

（2）花瓣吊灯。这款花瓣吊灯（图3-17）的设计，照花冠形状来看是仿生的百合科葱兰。该灯在未使用状态下为闭合，看不到灯泡，就像家居的装饰品；开启后灯罩（花瓣）展开，就是一盏照明的灯具。花瓣吊灯最棒之处是：解放双手！不需要人们手动去控制灯的开闭状态，而是其通过光学传感器感知外界光线，自动调整开启或关闭状态。

（3）鹿角插座。该鹿角插座（图3-18）顶部的设计灵感来自鹿角形态，除了外形的模仿外，它的存在还为插头增加了可收纳放置的功能，方便手机充电时拿取。

4. 纹理仿生

设计师借鉴和模拟自然物表面的纹理质感及组织结构特征属性，发挥产品的实用性，以及表面纹理的审美、情感体验，即产品的纹理仿生设计。纹理仿生设计不仅能够让用户体验到有如生物对象表皮的质感，还能通过对生物表皮结构的运用实现特殊功能。

（1）仿水果果汁盒。设计师深泽直人设计的果汁盒如图3-19所示，这些果汁盒外层模仿香蕉、草莓和猕猴桃的色泽及质地，完美仿生了它们的纹理。

（2）“Season”仿生餐具。日本女设计师田村奈穗设计了这款有意味的仿生餐具（图3-20）。这个设计由于独具匠心，且各方面完美均衡，赢得了2010米兰设计周的卫星展（Salone Satellite）奖项。这些碟子仿生的是树叶的肌理，其由硅砂材料制成。这种材质柔韧性好，便于灵活应用和运输，同时也便于在厨房空间使用。

图3-18　鹿角插座

图3-19　仿水果果汁盒

（a）“Season”仿生餐具使用状态

（b）“Season”仿生餐具收纳状态

图3-20 “Season”仿生餐具

（a）阿莱西水壶造型

（b）阿莱西水壶壶嘴

图3-21 阿莱西水壶

5. 声音仿生

人们对自然界中的声音也进行仿生。

（1）会唱歌的小鸟水壶。该款水壶的设计师是迈克尔·格雷夫斯（Michael Graves）。提到“声音”的仿生设计，这款小鸟水壶9093 kettle，又称阿莱西水壶（图3-21），其可谓经典中的经典。它是意大利厨卫品牌Alessi历史上最好卖的产品之一，也是后现代艺术的代表作。该水壶最大的特色是壶嘴上停立着一只塑胶小鸟，水烧开时能发出欢快的鸟鸣声。

（2）口哨壶。如图3-22所示的口哨壶的设计师是皮埃尔·夏里（Pierre Charrié），设计师重新设计了秘鲁传统的歌唱器皿，当人们倒酒的时候，口哨壶会发出口哨声。

二、仿生结构设计的特点

仿生结构设计不断从大自然获得灵感，也向着微观化、智能化方向发展，目前，在军工、工业、建筑、生产生活等领域广泛应用。同时，仿生结构设计是融合了生物学、人工智能、智能传感、神经科学技术的前沿交叉学科，设计师要加强多学科协作，深入研究仿生结构，从而推动技术创新。因此，对仿生结构设计的展望有以下几点：①对自然界生物的结构、功能、行为以及相互作用的学习和模仿，必然是将生物学原理、传感器技术、人工智能和驱动装置技术综合应用的交叉技术应用。②市场需求和创造欲望将推动智能仿生结构的进一步发展。③根据科学技术创新的新工艺、新方法、新产品、新体系的成果进行优化、再创造和创新智能仿生结构。④智能仿生结构将起于自然、高于自然、最终回归自然（绿色制造）。

图3-22　口哨壶

? 思政与思考题

1. 选取生活中常见的产品，分析其是属于何种结构的设计。
2. 思考怎样进行仿生结构的设计。
3. 谈一谈当我们从大自然中学习结构设计时，应该树立怎样的责任意识和价值观呢？

第四章

产品普通结构与设计应用

4

在设计产品时，为了实现产品的功能，经常会用到一些结构，如折叠结构、契合结构、连接结构、壳体结构、弹力结构、气囊结构等。下面分别对以上几种结构进行介绍。

第一节　折叠结构

折叠结构是一种用时展开、不用时可折叠收起的结构。从这个意义上说，其有着悠久历史，广为人们所熟悉的雨伞或阳伞就是一种折叠结构，这表明折叠结构的思想古已有之，但折叠结构用于建筑领域，并形成相应的设计计算理论是近几十年的事。1961年，西班牙建筑师皮奈偌展出了他的作品——一个可折叠移动的小剧院，人们从中发现了这种结构的诸多优点。折叠结构一般可重复使用，且折叠后体积小，便于运输及储存，与永久性建筑物相比，其不仅在施工上省时省力，而且可避免不必要的资金再投入而造成的浪费。随着人们对“折叠”概念逐渐理解，折叠结构在计算理论上及结构形式上都得到很大发展，这种结构已走出实验室，得到了广泛的工程应用。

一、折叠的类型

古往今来，运用折叠结构的物品造型可谓名目繁多，分析这些看似千差万别的器物形态，都有其各自的造型规律。掌握这些基本规律才能触类旁通，设计出更多完美的产品。如图4-1所示，利用金属铰链可以使箱盒折叠自如。

折叠结构具有两种稳定状态：完全折叠状态和完全展开状态。折叠时，折叠结构一般呈捆状，体积较小，便于储存和运输；需要时，折叠结构可以展开到工作状态。在展开（折叠）过程中，结构为可变体系，是机构；在完全展开状态下，折叠结构是几何不变体系，可以承受荷载。折叠结构在航天领域也被称为可展结构，其主要是利用结构的可展开特性，制成在微重力或失重状态下使用的航天器，如太空电池板、空间伸展臂等。

图4-1　折叠箱盒

要实现结构的折叠，可从“折”和“叠”两方面来研究。“折”有轴心式和平行式两种形式；“叠”有重叠式、套式、卷式等形式。

1. “折”的类型

（1）轴心式。轴心式是以一个或多个轴心为折点的折叠结构，最直观的产品就是折扇。折扇有多个轴心，以轴心处折叠，可实现折扇的收拢。轴心式是最基本的，也是应用最多的折叠形式。

轴心式的折叠有同一轴心伸展的结构物，如伞，轴心即伞骨，折叠在伞骨处；也有多个轴心的结构物（不是同一轴心），如维修路灯的市政工程车、工具箱等；同一轴心、伸展半径不同的物品及同一方向但可以上下联动的折叠方式，在折叠童车设计制造中常被综合运用（图4-2）。

（2）平行式。平行式是利用几何学上的平行原理进行折动的折叠结构，典型例子是手风琴，所以平行式也称“手风琴型”。平行式结构可以分为两种：一种是“伸缩型”，通过改变物品的长度来改变物品

（a）扇子轴心式的折叠

（b）伞轴心式的折叠

（c）车轴心式的折叠

（d）工具箱轴心式的折叠

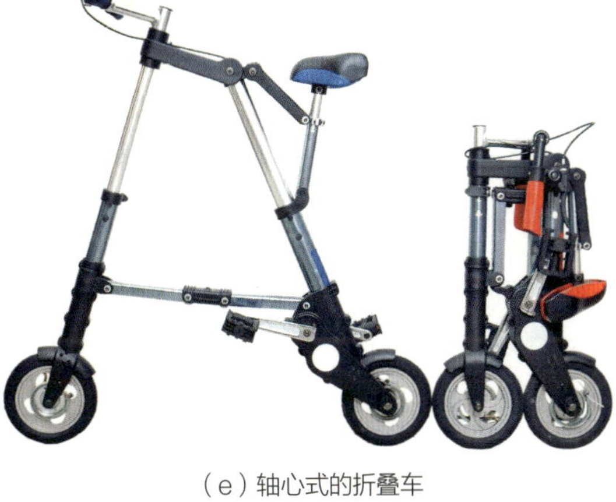

（e）轴心式的折叠车

图4-2　轴心式折叠

的占有空间，如老式照相机的皮腔、气压式热水瓶；另一种是“方向型”，结构上是平行的，而在运用时是随方向变化的，如手风琴发出声音主要依靠“拉”和“压”动风箱实现；如机场机动通道的皮腔装置，为了能灵活对准机舱门，机动通道口必须能灵活调整角度（图4-3）。

平形式折叠的优点是活动灵活，易产生动感，线形变化丰富，具有律动美。相对来说，其轴心结构简单，造价低廉，广泛应用在各类产品设计中。不足的是这种结构的物品如不加辅助构件，不宜定向，易摇晃扭损。

（a）老式照相机的皮腔平行式折叠

（b）气压式热水瓶平行式折叠

（c）手风琴平行式折叠

图4-3　平行式折叠

2. “叠”的类型

（1）重叠式。“叠”的特征是同一种物品在上下或者前后可以相互容纳而便于重叠放置，从而节省整体堆放空间（图4-4）。最常见的如叠放在一起的碗碟、椅子（上下重叠）、超市购物车（前后重叠）。

图4-4　重叠式结构

（2）套式。套式的折叠结构，通常由一系列大小不同但形态相同的物品组合在一起，特征是“较大的”完全容纳“较小的”。典型产品是俄罗斯传统玩具套娃。

“套”的另一种形态是滑动式，通过套筒的滑动来调节形体，实现一定的功能或空间的节省。典型产品是望远镜、长焦距照相机。

（3）卷式。卷式构造（图4-5）可以使物品重复展开与收拢，从造纸厂出厂的纸张、用于制作服装的布匹、钢卷尺、可伸缩的渔具、消防水管等产品，都是“卷”式形态，通过“卷”的折叠方式，可将混乱的场面收拾有序。

图4-5　卷式构造

（4）螺旋式。螺旋式折叠结构的家具是利用螺旋的结构来实现家具上下或左右方向上的移动，以达到折叠的目的。转椅就是生活中很常见的螺旋式结构家具。

（5）插接式。插接式折叠结构是由我国传统家具的榫结构演变而来，该种结构实现折叠的原理是通过不同大小平面进行插接而实现可载物面积的变化。插接式结构又可以细分为“嵌合式”和“活动榫式”两种。

二、柔性——新材料的使用

（1）充气型折叠结构。通过充气的方法将产品立体化，充气产品在内部气体放光后只占用极小的空间，其运输、洗涤和收纳都是极其方便的，加之其较高的强度与使用的耐久性，这些都正好符合了现代人快节奏、个性化的生活方式。充气沙发（图4-6）就是最典型的例子。

图4-6　充气沙发

（2）材料变形实现折叠。利用材料变形来实现产品折叠的设计是伴随着新材料在设计中的应用而发展起来的。该种形式的产品折叠方式主要是依靠材料自身的塑性、易折叠性等特性。折叠水壶就是利用了这种形式的折叠，没有水的状态下可以将其卷起来，仅占很小的空间；当向水壶内装水时，折叠起来的部分会自动展开成一个空间。这种结构同时满足了人们的心理需求和功能需求。

三、折叠结构的功能价值

人们对于产品设计的要求越来越高，不仅满足功能的需求，更追求产品在其心灵上的寄托，这使产品设计师在设计产品的功能时还需要考虑空间的节约和材料的合理利用。结构设计是产品设计的精髓，产品有了好的结构，才能有好的设计。

产品的多功能不仅是“使用时的多功能”，还包含上述各个环节的“功能”因素。折叠结构中就蕴含着“多功能”与“空间整理”的特征，使实现多种功能为一体成为可能。

归纳起来折叠结构有以下几个方面的功能价值：

（1）有效利用空间。折叠产品的“节省空间”主要是指它的储藏空间。利用折叠结构压缩物品的空间，通过改变物体的长度和宽度，或者改变物体的长度和高度，从而节约收纳物品所需的空间。

（2）便于携带。折叠产品在满足一定的实用功能外，主要考虑“便携”性。所以在旅游休闲产品中，“折叠”设计是很重要的元素。

（3）一物多用。单一功能的产品已经不能满足人们的需求，一种产品往往要扮演多种产品的角色，折叠产品在折叠之前和折叠之后有不同的功能，或者有可同时使用的人数变化，可通过折叠变化适应多种使用场景。

（4）安全。折叠产品的安全主要针对一些危险的产品（折叠刀、针等），通过折叠，可以将危险的部分收纳起来，降低危险性。

（5）降低储存和运输的成本。在现代工业化生产、销售的过程中，除了基本的使用功能外，包装、运输、销售方式、维修、清洁、回收等，都是产品设计中不可回避的因素。很多产品在生产出厂包装时不可能是产品使用状态下的模样，一般需要进行拆卸或折叠处理，这样就可以提高资源利用率，降低物品存储和运输的费用。

（6）便于归类管理。产品经过折叠之后，占用空间更小，可以将产品分门别类进行管理，提高使用效率。

第二节　契合结构

契合是指两个物件个体阴阳咬合的一种构造形式。“契合”作为物体之间的结构方式，古今中外广泛运用，从中国古代建筑中的榫卯，到工业产品的拉链都可以看到这种结构的行踪。这种结构的魅力表现在：当两物件连接在一起时，可以达到相当的牢度；而需要分拆时，各自既能保持独立完整，又互相不“伤害对方”。榫卯、拉链、拼图等是“契合结构”的三种不同类型，我们以此来分析“契合结构”的特征。

一、榫卯结构

榫卯可以说是契合结构的典型代表，也是中华民族智慧的结晶。榫卯一词原意指运用凹凸部件互相契合从而连接两个物体的一种组合方式，其中凸出的部分为榫，凹进部分为卯。中国古代将其运用于建筑、家具及其他物体的组合构成之中。榫和卯相互嵌入咬合，起到连接作用。

研究发现，榫卯结构作为中华民族独特的工艺创造，历史悠久，博大精深。早在河姆渡新石器时代，我们的祖先就已经开始使用榫卯了，时至明末进入技艺之巅峰，此后代代相传，绵延至今。其主要材料为木材，因木材可塑性强、来源广、成本低，故而被大量使用和改造。

与铁钉或螺丝固定的组合方式相比，榫卯结构具有易维修、易运输、易组建、稳定性高、抗冲击能力强等特点。榫卯以最简单的组合方式，将模块化的个体，组合成为全新的整体，充分发挥个体的形态特征，部件的零碎烦琐、错综复杂，成就了整体的完美无缺，从而达到了结构与科学的完美统一。由于整个结构没有螺钉的存在，因而不存在对于部件的形态破坏，所有部件均可自由拆卸、重组，这为整体的可持续性使用打下了良好的基础。这种做法充分利用了木材易加工的特征，通过榫卯连接，将有限尺度的木料加工成一个构件，再使一个构件组成更大的结构物成为可能（图4-7），其突破了木材原始尺寸的限制。

在特定历史条件和特殊文化背景中形成的明式家具，促使中国古代家具发生了又一次重大的“类型变化”，这被外国研究者们视为奇迹般的形体框架结构和接合方法，创造出实用与美观、科学与艺术相结合的中国古代家具的民族式样，反映了中华民族在人类造物史上做出的巨大努力和贡献。其造型委婉、精致、温文尔雅，给人们的感受十分隽永、大方，富有“书卷气息”。明式家具坚固耐用，除其选材质料较硬外，还在于其科学合理的榫卯结构。一件家具，往往由若干构件组合而成，构件与构件的结合处，都要通过各种形式的榫卯，将其巧妙地连接起来，组成一件完整的家具。

图4-7　榫卯结构建筑

中国古代家具的设计与制作充分利用了木材色调和纹理的自然美，连接方式多采用榫卯结构，不用钉子、少用胶，既美观，又牢固，极富科学性。榫卯结构的组合方式已发展出近百种，常见的有楔钉榫、粽角榫、燕尾榫、夹头榫等。

二、拉链结构

拉链（图4-8）在人类造物史上是一项重大发明，它将柔性的皮革、布料，通过刚性链牙的契合结构连接在一起，并能开合自如。

拉链由链牙、拉头、上下止（前码和后码）或锁紧件等组成。其中，链牙是关键部分，它直接决定拉链的侧拉强度。一般拉链有两片链带，每片链带上各有一列链牙，两列链牙相互交错排列。拉头夹持两侧链牙，借助拉襻滑行，即可使两侧的链牙相互啮合或脱开（图4-9）。

拉链由最初的金属材料向非金属材料发展，从单一品种、单一功能，向多品种、多规格综合功能发展；其由简单构造到如今的精巧美观、五颜六色，经过了漫长的演变过程。拉链的性能、结构、材料日新月异，广泛应用于服装、鞋子、包袋、帐篷等，甚至深入航天、航空、军事、医疗、民用等各个领域，小小拉链在人们生活中起到的作用越来越大，越来越显示出它的重要性和生命力。拉链，甚至被看作20世纪对人类最为实用的十大发明之一。另外，拉链的元素在设计中也常出现。

三、拼图结构

巧妙的拼板玩具是我国古老的益智玩具之一，其中最著名的是七巧板［图4-10（a）］。著名英国皇家协会会员李约瑟（Joseph Needham）博士在《中国科技史》中称七巧板是“东方最古老的消遣品之一”。七巧板，在国外被称为“唐图”，是世界公认的中国优秀智力游戏代表作。古人尚七，用七块板来拼图，恰到好处。

七巧板是数学与艺术的结晶，历代文人常将拼排的佳作编谱出版。从清嘉庆年间到民国初年就有六种拼排图谱出版。七巧板深得古人尤其是古代妇女的喜爱，清代画家吴有如就画有仕女玩七巧板的风俗画《天然巧合》。七巧板约从18世纪开始流传到海外，许多世界名人，如拿破仑、亚当、爱伦坡、安徒生等都热衷于玩七巧板。

除了七巧板，拼图也是一种契合结构。拼图零片［图4-10（b）］的接合线有各种各样的切割方式。主流拼图采用一种被称作“全面互锁”的零片边缘样式。“全面互锁”即将相邻的若干零片连接在

图4-8 拉链

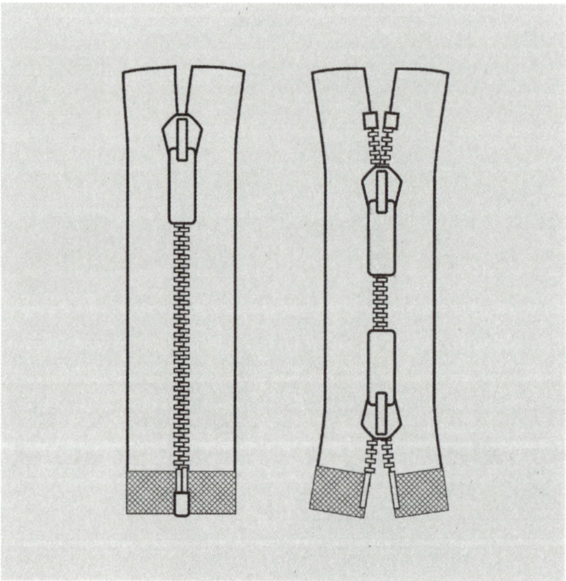

图4-9 拉链组成

（a）七巧板

（b）拼图

图4-10　七巧板与拼图

一起，若水平移动其中的一片，所有相连的零片都会跟着向相同方向滑动，且不会离散。有时候，零片拼合得相当紧密，将拼好的一整块拿起来也不会散开。

零片的互锁通常靠零片边缘的凸起和凹陷来实现，这种拼接方式与家具制作中的榫卯结构类似。拼图零片的凸起称作“榫头”，凹陷称作“卯眼”。为了防止拼图磨损，常将拼图中的榫头和卯眼设计成圆形。

四、契合结构的功能价值

产品的功能是产品与使用者之间最基本的一种相互关系，也是产品得以存在的价值基础。每一件产品均具有不同的功能，人们在使用一件产品的过程中，是经由功能而获得需求的满足的。从不同的角度对功能进行分类，可以分为基本功能和辅助功能、物质功能和精神功能、必要功能和不必要功能。本书重点从物质功能和精神功能层次展开，分析契合设计的功能价值。

1. 物质功能价值

（1）实用价值。产品的产生是基于某种具体需求而设计的，那么如果缺少了使用功能也就失去了其存在的意义，因此，实现产品的基本功能是产品设计的一个基本准则。契合设计巧妙的构型方法与结构设计，不仅实现了产品的单一功能价值，而且提供了更合理、安全和舒适的操作方式与使用方式。“共面共形”的设计特点，使产品具有节约空间、方便存储与运输等功能价值。

（2）环境价值。在契合设计中，通过“共用”的设计特点，以形态和结构的特殊设计扩大了产品的功能价值，并最大限度节省了材料和空间，有效减少了资源投入。在这一点上，契合设计恰与绿色设计中资源利用最佳、能量消耗最少的原则相吻合，也正与我们现在的“低碳”生活理念相吻合。

2. 精神功能价值

（1）审美价值。产品的审美价值指的是产品的内在和外在形态唤起的人的审美感受，包括人们在使用产品时获得的精神上的愉悦等。通过契合设计产生的产品形态，具有很好的整体感和紧凑感，形式上简洁却不单调，给人带来创新的美感和趣味性的享受，因而具有很高的审美价值，融机智于趣味之中。

（2）教育价值。产品在使用过程中能否带给使用者深层次的感知与教育，也是衡量产品是否具有高附加价值的重要因素。契合设计不仅创造了丰富美观的形态，而且通过产品使用过程中的“分”与“合”，在发挥功能的同时赋予使用者美好的情感体验，使其领略到产品设计的趣味性和教育性。如上文提到的七巧板和拼图，在拼合与拆分的过程中，使用者不仅体会到了玩的乐趣，也提高了动手的能力，助益其智力开发。

3. 契合设计的要点与方法

在进行产品的契合设计时，要充分考虑设计对象的具体功能要求，厘清其形态与功能之间的关系。掌握一定的设计要点与方法，将会在产品契合设计中达到事半功倍的效果。

（1）在设计过程中，首先要考虑设计的目的，即设计的重点是实现产品的实用功能还是审美功能。当侧重点在审美功能时，则要考虑单体以及单体与单体契合后的整体形态的独立性、简洁性、整体性与流畅性；而如果其侧重点在于实用功能，则要考虑单体独立功能和契合后整体功能的实现性，以及如何实现使用过程中的附加价值，其形态设计可简单化，并最大限度满足功能实现的需要即可。

（2）考虑契合的结构方式，本着方便性、迅速性及趣味性的原则来进行契合设计。除了常规的独立单体之间的组合契合，还可以根据具体的功能需求将其设计成不可拆分的整体契合，通过连结式或滑动式，增强使用过程中的方便性等。

（3）在设计过程中考虑“人—产品—环境”的和谐性。在使用者与产品之间，结合人机工程学原理，基于合理性、舒适性和安全性原则设计，而在产品与环境之间，则基于合理利用材料、节约空间和方便储运的原则进行设计。

（4）在设计过程中使用“分割重构”的方法。基于“自顶向下”的思路，首先设计出整体形态，然后根据不同的功能需要对整体进行分割，由此产生“共线共形”的单体契合形态。

第三节　连接结构

“连接”在光明日报出版社出版的《辞海》中的解释是：①相互衔接，相连。②使相连。从中我们可以看出连接可以是两个物体相互衔接，也可以是使两个物体相连。“结构”在《现代汉语规范词典》中的解释是：“构成事物整体的各个部分及其搭配，组合的方式；建筑上受力的构件。”在平常生活中，有很多连接现象。电视与遥控器可以连接，电话可以把异地的亲人朋友连接起来，整个地球可以被网络连接在几台电脑中……从产品设计的角度，可以将“连接”解释为部件之间的衔接方式。

连接结构问题是产品设计中一个重要的问题。构成产品的各个功能部件需要以各种方式连接固定在一起，形成整体，以完成产品的设计功能。满足外观造型设计的产品外壳，通常也是由底盖、主体框架等部件组成，需要连接固定形成一个整体。因此，有必要对产品设计中连接结构问题进行探讨。在这里，我们要研究的是产品造型中的连接结构。

按照结构的功能和部件的活动空间，连接结构一般分为两大类：一类是产品各个部分之间有相对运动的连接，称为动连接；另一类则是被连接的部件之间不允许产生相对运动的连接，称为静连接。

产品设计是技术与艺术相结合的产物。缺少了技术支撑，产品华而不实，是一种空想；如果只是偏向技术，则又失去了工业设计的特色。我们从产品形态的角度对连接方式进行分析总结，对各种连接结构的特点、应用角度进行归纳，将动连接归纳为移动、铰接、风箱形；将静连接结构归纳为组装、手风琴、夹、锁扣、插接、榫接等。下面分别对它们进行分析介绍。

一、动连接结构在设计中的应用分析

1. 移动

移动连接结构的原理是构件沿着一条固定轨道运动。轨道可以是空间曲线或者平面曲线。最常用的轨迹是直线。移动连接结构设计的重点是移动的可靠性、滑动阻力的设置、运动精度的确定。其应用范围广泛，如抽屉、滑盖手机、滑动锯和拉杆天线的伸缩结构等设计均使用该结构。

如图4-11所示为LG的一款滑盖手机。该手机的屏幕和键盘之间采用了移动连接结构。针对这种款式的特点，滑盖上的按键采用新式电容触控式感应器，以类似iPod的触控方式，使得手机按键不仅可以让人获得完全与众不同的使用感受，而且更可免去一般使用者觉得按键触感不佳的问题。在实际使用中，滑盖上的9个按键全部采用人体红外感应，没有按键触感，只需用手指遮挡相应功能键的红色灯即可操作，富有未来科技感。滑盖上新的按键形式的设计正是针对移动连接结构而采取的应对典范。

如图4-12所示为BenQ E510数码相机。该款相机的一个亮点是采用了“宾得镜头”。“宾得”拥有独特的滑动式镜头设计，伸缩镜头的优点是成像有保障，畸变相对来说也较小。在不损失成像质量的情况下能有效减小机身厚度。由于使用了滑动镜头技术，所以镜头缩回机身之后的厚度明显减小，而镜头伸出后的长度，超出了机身的厚度。

如图4-13所示为“Criket”塑料瓶子压扁器。这是一款高科技下制作的低技术工具。塑料瓶子压扁器基本上由两个部分（顶部和基座）组成，用法是把空塑料瓶子放在基座上，用脚向下踩压扁器上部的滑块，使其沿着钢管向下滑动，并且人们可以靠金属管顶部的塑料把手稳住自己。瓶子压扁后，垃圾容量可以显著减少。很明显，这又是一个应用滑动连接结构的优秀设计。简洁的外形设计，简单的操作方法，滑动连接结构的巧妙运用，使得我们为自己是一名设计师而骄傲。

图4-11　LG滑盖手机

图4-12　BenQ E510数码相机

图4-13 “Criket”塑料瓶子压扁器

图4-14 “苍鹭”台灯

2. 铰接

铰接又称转动连接结构，用铰链把两个物体连接起来的方式称为铰接。这是一种常用的机械工业结合方式，常用于连接转动的装置，以使门、盖或其他摆动部件可以借以转动。传统的铰链由两个或多个移动的金属片构成；现代的铰链由可以重复弯曲的单一塑料片制成。铰接的侧重点是转动轴的相关结构设计。铰接的应用范围广泛，如汽车门的铰链、大铁门、脚蹬子车轮等。

如图4-14所示的“苍鹭”台灯是由日本设计师细川保雄设计的。这款仿生设计的台灯从1994年投产到现在一直很受人喜欢。如果从连接结构的角度分析这款灯具，其最为独特的就是虽然高度发生变化，但灯头始终与桌面平行，这是因为其应用了平行四边形机构。如果产品设计师对这些基本的机构不了解，或者没有铰链连接结构，这些优秀的作品恐怕就不会产生。

如图4-15所示的瑞士军刀——维氏军刀，其集几十种功能于一身，这正是铰链连接结构应用的结果。我们通常所说的瑞士军刀有两种：一种是盾形标的维氏军刀；另一种是圆形标的威戈军刀。维氏军刀问世于1884年。维氏所制造的不只是世界驰名的军刀，更是一种被人们广泛应用于旅游、登山、潜水、航模运动、修理自行车、汽车及日常生活的“多功能工具”。

3. 风箱形

风箱形属于柔性连接，柔性连接允许被连接零部件的位置、角度在一定范围内变化，或连接构件可发生一定范围的形状、位置变化而不影响运动传递或连接固定关系，风箱正好是这类连接的代表。铁匠的标准工具是一对大风箱，主要由有褶皱、可伸缩的袋子构成。作为一种机械工具，风箱的发明是为了满足灵活密封的连接需要。而风箱所具有的连接结构方式，则经常用到运动的产品和设备中，是一种非常重要的运动连接结构。风箱经常应用在灯头、机动车里程表、医疗器械、电源插座、软轴接头处等。

如图4-16所示为纸灯笼，“正月十五闹元宵”，中国人几千年来一直享受着灯笼的乐趣——猜灯谜、舞龙灯、耍狮子灯。灯笼的出现还有一个重大的意义：纸竟然包住了火。设计师陈绍华说：“设计就是将不可能变为可能。”中国灯笼就是这么一个十分精彩的例子——纸可以包得住火。由此可见，创造在设计中的重要地位。风箱形的连接结构不仅为灯笼提供加强筋，还能使灯笼折叠起来，显著节省了空间。

如图4-17所示的大篷车也是采用了风箱形的连接结构，大篷车有两种状态：当大篷车收起来的时候，可以节省面积，便于整理运输；当大篷车的两侧展开时，体积可以增加两倍，透明的一侧是起居室，不透明的是卧室。正是基于此设计，让人们在繁杂的社会生活中也能享受到现代陶渊明式的生活。

图4-15　瑞士军刀（维氏军刀）

图4-16　纸灯笼

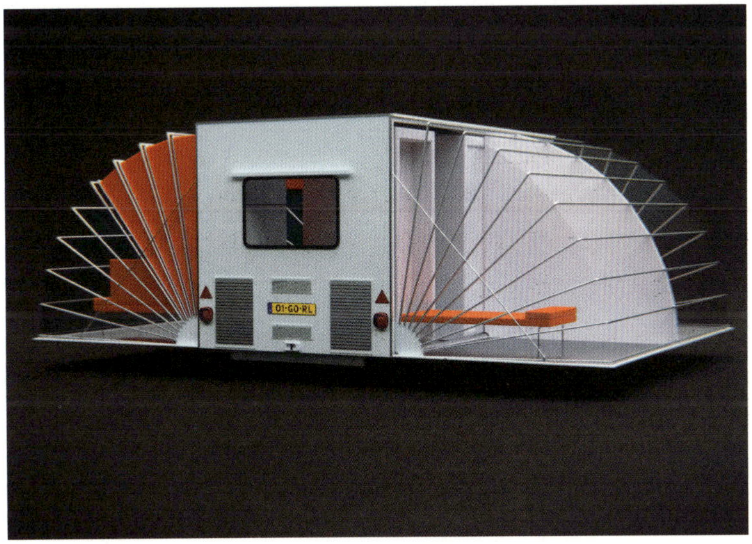

图4-17　大篷车

二、静连接结构在设计中的应用分析

图4-18　铝制套椅

1. 组装

组装是可拆固定连接。在使用它们的时候，可以方便地把它们组装成一个整体。在不用它们时，又可以把它们拆除，既有利于保管，又方便运输，这是连接结构的又一个伟大创举！值得注意的是，在某一个产品中，可能会用到不同的连接结构。比如，在积木玩具中，可能用到插接结构（木制积木）或者过盈配合连接结构（塑料积木）。组装广泛应用于积木玩具、拼图、家具、活动板房等产品上。

如图4-18所示的铝制套椅，设计师是帕特里克·荷恩艾克（Patrick Hoogendijk）和诺伯特·万根（Norbert Wangen）。这是一种实用、经济，并且自重非常轻的座椅，是用电脑打孔和压弯机制的，而且被设计成可以组装的样子。这款椅子除了连接用的自动封口塑料之外，其余是由一整块铝板弯制而成的。整块铝板采用了阳极氧化处理，在增加座椅的耐腐蚀性的同时，可以提高座椅的观赏性。特别是组装的运用，可以方便地把椅子卖到任何地方。

图4-19　“生态”垃圾桶

如图4-19所示的“生态”垃圾桶，设计师是意大利的劳尔·巴别利（Raoul Barbieri）。设计师说，他设计这款垃圾桶的目的，是创造一个清洁、小巧、有个性的、具有亲和力的东西。其使用了不透明的ABS或者透明的聚丙烯材料。最引人注意的是它的口沿。可拆卸的外沿能将薄膜垃圾袋紧紧卡住。三个部件可以拆开保存运输，消费者买回家之后，只要简单组装就能使用。

2. 手风琴（伸缩结构）

手风琴（伸缩结构）主要靠销连接、键连接或者铰接。“手风琴状”这个形态是由一系列的以枢轴连接起来的相同的棒组成，形状如多个“x”，就像我们在拉手风琴一样。这种形状可以通过改变它们的角度来进行伸缩。所以，我们也可以把这类形态称为“伸缩结构”，其广泛应用于文具、衣架、家具等生活用具上。

图4-20　伸缩式浴室旋转镜

如图4-20所示为伸缩式浴室旋转镜，该款镜子主要的方向是水平伸缩，能提升水平方向的使用率。如果这款镜子也能向下伸缩的话，适用的人群会更多，就更加人性化了。

3. 插接

如图4-21所示，插接是在单元面材上切出插缝，各部件互相插接，通过互相钳制而形成立体形态。在需要互相固定的零部件上设置相应的插接结构可以方便安装和拆卸，特别有利于模块化设计。插接和木连接很相似，但是，我们还是把插接单独分隔出来，因为插接有很多种形式应用到了很多种产品中，而榫接则主要应用在木制椅子特别是中国古代家具当中。插接广泛应用在家具、灯具等模块化设计产品中。

图4-21　插接

如图4-22所示的“迷题”扶手椅，设计师是美国的大卫·奎克（David Kawecki）。这把椅子出于经济原因的考虑，各个部分是从一块平板上切割下来的，由客户亲自组装。但是，如何准确地把各个部分正确插接起来，可能会有点小麻烦。可以把这款椅子放到“组装”的范畴里，但是从结构的角度来分析，椅子的各个部分是以插接的形式来实现功能的。

图4-22　“迷题”扶手椅

如图4-23所示的“T.4.1”扶手椅，设计师是法国的奥里维耶·勒勃洛瓦（Olivier Leblois）。这张椅子由两个薄纸板部分插接而成，能经受一名成年男子的体重，可以在室内使用，也可以在公共场所使用。令人惊讶的是，大多数买主愿意购买一次性的物品，并不侧重于实用和便宜，而是在乎它的美学价值。

4. 锁扣

如图4-24所示，锁扣连接是靠材料本身的弹性来实现的（尤其是塑料构件），在这一类的产品形态中主要运用了产品材料本身的特性或者零部件的特性。比如，塑料的弹性、磁铁的磁性或者按扣的瞬时固定连接性。在产品特别是塑料产品构件上设置锁扣结构装置，对模具的复杂程度的增加是有限的，几乎不影响产品的生产成本。锁扣连接广泛应用在手表带、皮带扣、服装等家居用品上，特点是结构简单、拆卸方便、形式灵活、工作可靠。

图4-23　“T.4.1”扶手椅

5. 其他连接方式

（1）螺旋连接。日常生活中，饮料杯、可乐瓶、牛奶瓶、糖罐、盐罐等瓶容器的开启大多是螺旋结构，开关操作简单，可靠性强（图4-25）。

（2）铆接。铆接是在被连接件上打合适的孔、穿上铆钉，将铆钉通过打击、挤压等外力变形、压紧端面，从而将被连接件固定在一起的连接方法，如图4-26所示。被铆接的零件一般为平的薄板件。

铆接工艺简单、成本低、抗震、耐冲击、可靠性高，但铆钉孔会削弱被连接件的截面强度，可用于金属、非金属件连接。在承受剧烈冲击振动载荷的构件上，或要求热变形小的部位，采用铆接是比较合适的选择，如起重机的机架、铁路桥梁、建筑、造船等，飞机机身就是采用铆接连接铝合金板形成的。

（3）焊接。焊接（图4-27）是产品外壳加工中常用的方式之一，主要是以金属薄板为材料。与其他连接方式相比，焊接的特点是：焊接方法多样，适用于不同的材料及使用要求，可单独使用，也可与其他成型方法结合或作为其他成型方法的补充剂，最终组合成型。

（4）粘接。粘接是用黏合剂将被连接件表面连接在一起的过程，也称为胶接。粘接是一种运用最为广泛的不用拆卸的连接方式。

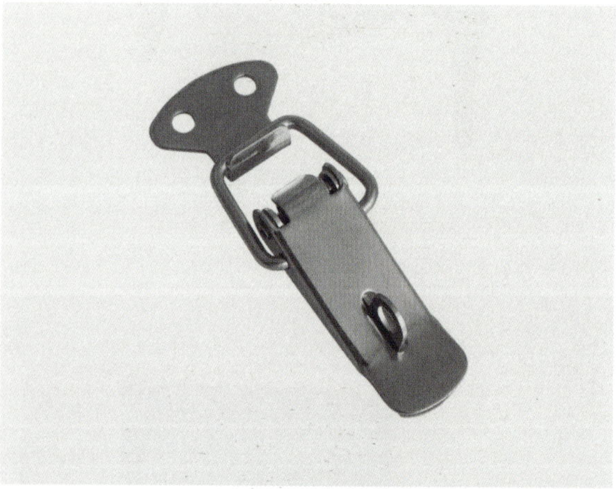

图4-24　锁扣

图4-25　螺旋连接

图4-26　铆接的铁路桥梁

图4-27　焊接

粘接的特点主要表现在：可以在不同性质的材料之间进行连接，如金属与玻璃、陶瓷、木材等非金属材料之间的连接，尤其针对复杂构件，以及采用焊接容易发生变形的产品，采用粘接常优于其他连接方式；粘接具有密封性能良好、产品表面平整、不需要辅助件等优点，为产品优良的外观质量提供保障；粘接产生的重量较小，能减轻结构的重量，有利于产品的轻量化；粘接应力分布均匀，可提高接头抗疲劳强度和使用寿命，并提高构件的动态性能。整个胶接面都能承受载荷，总的机械强度比较高；粘接已广泛用于电器、仪表及玩具等产品结构中。

三、选用连接结构需考虑的因素

（1）产品形态和连接结构。不同的产品形态要求有不同的连接结构与之相配合，同时，不同的连接结构会产生不同的产品形态。比如饮料、酒水的瓶盖设计。现有的瓶盖设计有螺旋式、按压式、拔开式等几种连接结构，不同的方式对应产生不同的产品造型，使得包装瓶千姿百态，争奇斗艳。

（2）产品功能与连接结构。有特殊功能要求的零部件，比如要起到防水防潮功能的药品包装瓶，其连接结构的选择就要有利于药品的密封性要求。

（3）产品材料与连接结构。当前的五大创意材料：金属、木材、陶瓷、玻璃、塑料中，不同的材料属性，要求用不同的连接结构。比如我们对金属和塑料采用焊接的方法，但是木材就不适合焊接，而是适合用榫接、粘接等方式。

（4）加工工艺与连接结构。加工工艺直接关系到产品生产成本的高低。成本是当前厂家最关心的问题之一。好的设计（包括好的连接结构的选用），如果在生产中花费的成本高于竞争对手很多的话，那是很难被生产出来的。

（5）使用者的需求。这牵涉时下的消费潮流，一旦消费者表现出对某种产品的购买热潮，那马上就会有相关产品大量上市。产品中的某种连接结构就顺便被采用了。

（6）安全性。在选用连接结构的时候，安全性也是首要考虑的问题。产品是为人服务的，如果有安全隐患，那对使用者的人身安全，对生产厂家的长远利益是十分有害的。

第四节　壳体结构

“壳”在《辞海》中的意思是：坚硬的外皮。作为一种弧状的空间结构，“壳体”是最早出现在建筑中的术语，称为薄壳结构。薄壳建筑是在20世纪20年代开始发展起来的一种壳状结构，其是大自然里的常见形态，如贝壳、各种坚果，以及一些动物的甲壳，它们的壳体外形不仅美观且有一定的承受力，这种形态给建筑结构的变化创新以很大的启示，推动了建筑业的发展。

壳体是一种曲面结构，壳体的厚度远小于壳体其他方向上的长度，其能覆盖或维护大跨度空间而不需要空间支柱。壳体通常具有以下特征：①外力作用于结构表面上。②空间传力能力优秀。③能以较小的构件厚度形成承载能力高、刚度大的承重结构。

④兼具承重和围护结构的双重作用，节约结构材料。⑤外形美观，变化丰富。由于壳体一般较薄，它无法抵抗因集中载重带来的弯曲应力。

壳体的加工方式有两种：一种是将材料溶化或溶解稀释后，浇铸或喷涂到模具的型腔内，冷却或凝固后固定成型，如塑料壳体结构、玻璃壳体结构、纸壳体结构、石膏壳体结构等；另一种是将具有延展性或拉伸性的材料，进行冲压或高温蒸煮后以加压等方式加工成型，如金属壳体结构、木材壳体结构（弯曲木）。

图4-28　ABS壳体

一、塑料壳体结构

按产品的功能和使用场景不同，用于塑料壳体结构的材料有ABS（丙烯腈-丁二烯-苯乙烯共聚物）、PS（聚苯乙烯）、PC（聚碳酸酯）等。

1. ABS

ABS主要用在玩具、机壳、日常用品、汽车配件（仪表板、工具舱门、车轮盖、反光镜盒）、家电外壳（图4-28）等。ABS的特性是坚硬、不易碎、可涂胶水，工作温度是-50～+70℃，可燃烧，损坏时可能有利边出现，多数应用于玩具外壳或不用受力的零件。

2. PS

PS主要用在绝缘透明件、装饰件、化学仪器、光学仪器等；发泡PS（保丽龙）主要用在建筑隔音、隔热层，冰箱保温层，及一次性饭盒、头盔缓冲层（图4-29）等。PS的特性是绝缘性好、硬而脆、无色透明、可染色、耐热，发泡PS无法回收。

图4-29　PS材料产品

3. PC

PC的主要特点是无色透明、无毒、可染色、抗冲击、耐磨、耐腐蚀、抑制细菌、阻燃、耐高温和耐低温（-60～120℃）。在车辆前后灯、仪表板、冰箱抽屉、搅拌机、网线水晶插头、一次性医疗器械等方面广泛使用，多为透明零件，代替玻璃。

如Q1休闲椅（图4-30），是由乌克兰设计师兹布罗伊·斯维亚托斯拉夫（Zbroy Svyatoslav）和德米特里·布尔加科夫（Dmitry Bulgakov）合作创办的设计工作室ODESD2设计的。半球形构思基于巴克敏斯特·富勒（Buckminster Fuller）（美国哲学家、建筑师和艺术家）的球形屋顶设计，这种类似球形穹顶的构造承重能力更大，而且凌厉的线条与舒适的内饰相得益彰。椅子的球形形状为人类提供舒适和自然感，使它不仅实用，还有装饰作用。

图4-30　Q1休闲椅

图4-31　“Phil”系列产品

二、玻璃壳体结构

玻璃因为具有优异的耐高温性能及化学稳定性、极佳的透过率、无穷的装饰性，一直是设计师的“灵感缪斯”。玻璃具有极强的造型表现能力，可通过各种加工方式实现多样的设计造型。由于其非晶态固体的材质特性，玻璃允许在两面都制造细节，无论是自动、半自动还是手工加工都可行。虽然这种加工方式通常比吹制玻璃成本更高，但它为设计师提供了极大的创意空间。以玻璃做的壳体结构的产品也是数不胜数。

（1）“Phil”系列产品。意大利蓝侧设计玻璃制造商和奈西创意设计工作室合作设计了这套醒目的咖啡制作设备，并一起创造了“Phil”系列产品（图4-31）。每个Phil产品都由100%的硼硅酸盐玻璃结构制成，保证了坚固性和耐热冲击性。该系列产品包括用于炉具的玻璃水壶、玻璃滴漏式咖啡机、咖啡粉计量器和过滤咖啡的醒酒器。其由意大利技艺精湛的工匠手工制作。此外，每件产品均可循环再造，并以可持续的方式按需生产，以尽量减少浪费。

（2）香水瓶。Archetipo是一个香水瓶（图4-32），其设计灵感来自圣玛利亚和圣多纳托教堂，象征着不朽和圣洁。Archetipo与古代历史玻璃制品的艺术性紧密相连，是由遮光的吹制玻璃制成

图4-32　香水瓶

图4-33　拉深件的钣金结构

的，并将深紫水晶的颜色褪成透明色。

三、纸壳体结构

在今天的各种包装中，纸箱包装适应性强，纸质材料也是一种可以回收利用的环保材料，在很长一段时间内应该会有很好的应用前景，纸盒一般也是作为壳体结构使用。

纸壳体结构常见的类型有以下几种。

1. 盖罩结构

这种结构的纸箱在结构上是将盒体和盖罩分开的，一般是用两块材料设计的，使用时可以盖在一起封闭。这种纸盒结构多用于包装服装、食品、鞋帽等。

2. 摇盖结构

这种结构的盖子与盒体连接，只固定盖子的一侧，使用时摇动即可关闭或打开。纸烟包就是这种结构的典型例子，这种纸包装盒设计一般把盖子设计成没有侧边的扁平折叠样式，也可以用一块材料折叠成多种样式。

3. 开窗结构

这种结构是在盒子正面开一个窗口，然后用透明材料把窗口封住。通过这个窗口，可以看到盒子里的部分内容。窗户的大小和位置将根据盒子里货物的特点和整体设计来确定。

4. 抽屉式结构

这种结构的纸盒一般由抽屉和盒体两部分组成。抽屉部分可以插入盒体，盒体可以设计成只有一侧开口或两侧开口。这种结构的纸盒比较牢固，使用方便。火柴盒就是这样的结构。

5. 便携结构

这种结构的纸箱通常在箱体的上表面设有把手组件，方便携带。手柄组件可以附加，也可以利用箱体的延伸部直接设计成型。

四、金属壳体结构

在工业设计中所涉及的结构设计，主要是产品的外部壳体结构设计。目前，壳体材料中大部分为金属材料。金属材料通过钣金冲压工艺成型形成壳体结构。

钣金结构的设计主要包含拉深件、冲裁件、弯曲件的结构设计。

（1）拉深件的结构设计。如图4-33所示为拉深件的钣金结构，其外形均匀对称，轮廓变化柔和、顺滑，顶部凸缘宽度一致，底部孔大小合适，整体结构设计合理，工艺性良好。

（2）冲裁件。冲裁件（图4-34）的结构设计是指冲裁件对冲裁工艺的适应性，良好的冲裁结构设计应保证材料利用率高、工序数目少、模具结构简单且使用寿命长、产品质量稳定等。一般情况下，对冲裁件结构影响最大的是精度要求和几何形状及尺寸。

（3）弯曲是使材料产生塑性变形，形成一定曲率和角度零件的冲压工序，具有良好工艺性的弯曲件，能简化弯曲工艺过程，提高弯曲件的精度。

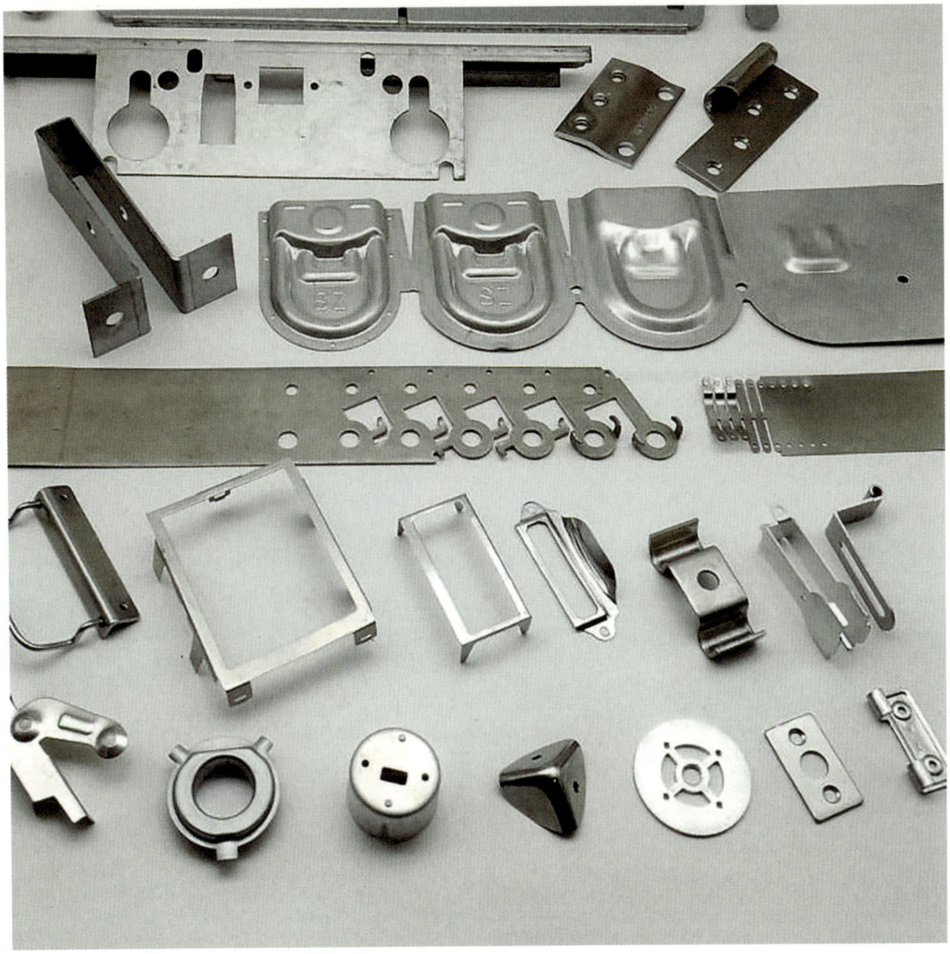

图4-34 冲裁件的钣金结构

五、木材壳体结构（弯曲木）

木材弯曲是将木材软化后，在弯曲矩作用下将其弯曲成所要求的曲线形状，并使其干燥定型的过程。木材无法通过火来加热软化，但可以通过蒸汽软化。木材弯曲是一种加工工艺，可以将平常的木头转化为一件家具和栏杆扶手的曲线，或其他任何东西。这种工艺历史悠久，操作简单，尤其当使用纯材料时更易操作。弯曲木就是在加工过程中使用的木材，是经过加工之后变得弯曲的木材。木材弯曲工艺已使用几百年，应用也相当广泛。在美国，印第安人使用传统弯曲木制作雪鞋、雪橇和独木舟等。在欧洲，这一技术不仅被广泛应用于制作板式椅背和椅梯等家具，同时也可以在木版画中看到中世纪时期以及铜版印刷技术的影子。

现代弯曲木起源于北欧，主要的制作方式是将20层左右的木皮放入模具中，以胶水作为黏合剂，采用高温高压的压制方法，使木皮弯曲成设计者想要的弧度。主要使用具有韧性的水曲柳、桦木、榉木、杨木等作为内芯材料，表面可以结合纹饰比较好的水曲柳、桦木、榉木等作为外饰。弯曲木在20世纪90年代中期进入中国市场，其同传统的家具品种相比较，最大的特点在于其特有的弯曲弧度，由于在制造过程中充分考虑了人体的曲线起伏，可以减轻使用者因长期卧坐而产生的疲劳感，使人体感到更加舒服。弯曲木工艺在如今的设计中仍被广泛使用。

（1）kayak椅子。kayak椅子（图4-35）就是使用的弯曲木工艺。椅子从座面到靠背的过渡区设计通过木材弯曲呈现出了自然的弧度；同时加高了椅子腿的高度，从人机工程学设计角度来讲，以壳状结构环绕身躯，为用户创造了极高的舒适度。

（2）木摇椅。如图4-36所示的木摇椅是法国莱梅洛设计工作室的作品，其使用的材料是水曲柳，水曲柳是一种很坚韧的材质，变形收缩范围大，坚固耐磨。设计师将水曲柳切割成木片，再用曲木技术将木片弯曲组合成摇椅。木质材料拉进了人与自然

图4-35 kayak椅子

图4-36 木摇椅

的距离，营造出温馨舒适的环境氛围，给人一种亲切感，能治愈人疲惫的身心。

（3）木质手包。如图4-37所示的“木质手包”，除了扣子外，其余的材料均选用了质地优良的枫木。这是通过木材弯曲工艺制作的具有收纳功能的壳体结构。可能大家会认为这款“木质手包”会有些重，其实它非常轻巧，而且外壳还具有防水功能。

图4-37　木质手包

第五节　弹力结构

弹力结构指的是利用材料的弹性来形成结构，例如，人们日常生活中使用的各种夹子、回形针、弹簧、弹力绷带等，就是利用材料的弹性所形成的物体。

弹力结构的特点是必须在外力的作用下，弹力结构体才能发挥作用。弹力是一个双重概念，既包括压缩又包括伸展，即“压力”和“张力”。压缩是为了存储，伸展是为了使用。物体在力的作用下发生的形状或体积的改变称为形变。在外力停止作用后，能够恢复原状的形变称为弹性形变。发生形变的物体，由于要恢复原状，要对跟它接触的物体产生力的作用，这种作用就称为弹力。即在弹性限度范围之内，物体对使物体发生形变的施力物产生的力，称为弹力。

需要注意的是，细长的材料，当受到来自两端的压力时，很容易发生弯曲，而受到牵引时，就能发挥很大的抵抗力，所以细长的材料更能发挥拉力效应。下面以弹簧为例进行讲解。

一、弹簧

弹簧是机械和电子行业中广泛使用的一种弹性元件，弹簧在受载时能产生较大的弹性变形，并把机械功或动能转化为变形能，而在卸载后弹簧的变形消失并恢复原状，同时将变形能转化为机械功或动能。弹簧的载荷与变形之比称为弹簧刚度，刚度越大，则弹簧越硬。

弹簧的作用如下：

（1）弹簧可起缓冲和减震的作用。如汽车、火车车厢下的减震弹簧，各种缓冲器的缓冲弹簧等。

（2）可控制机构的运动。如内燃机中的阀门弹簧，离合器中的控制弹簧等。

（3）储存及输出能量。如钟表弹簧、枪闩弹簧等。

（4）测量力的大小。如弹簧秤、测力器中的弹簧等。

按受力性质，弹簧分为：拉伸弹簧、压缩弹簧、扭转弹簧等。

1. 拉伸弹簧

拉伸弹簧（简称拉簧）是承受轴向拉力的螺旋弹簧，拉伸弹簧一般用圆截面材料制造。在不承受负荷时，拉伸弹簧的圈与圈之间一般是并紧的，没有间隙（图4-38）。

图4-38　拉伸弹簧

2. 压缩弹簧

压缩弹簧（简称压簧）是承受轴向压力的螺旋弹簧，它所用的材料截面多为圆形，也有用矩形和多股钢索卷制的，弹簧一般为等节距的，压缩弹簧的圈与圈之间有一定的间隙，当受到外载荷时弹簧收缩变形，储存形变能（图4-39）。

3. 扭转弹簧

扭转弹簧属于螺旋弹簧。扭转弹簧可以存储和释放角能量，或者通过绕簧体中轴旋转力臂以静态固定某一装置。扭转弹簧的端部被固定到其他组件，当其他组件绕着弹簧中心旋转时，该弹簧将它们拉回初始位置，产生扭矩或旋转力（图4-40）。

图4-39　压缩弹簧

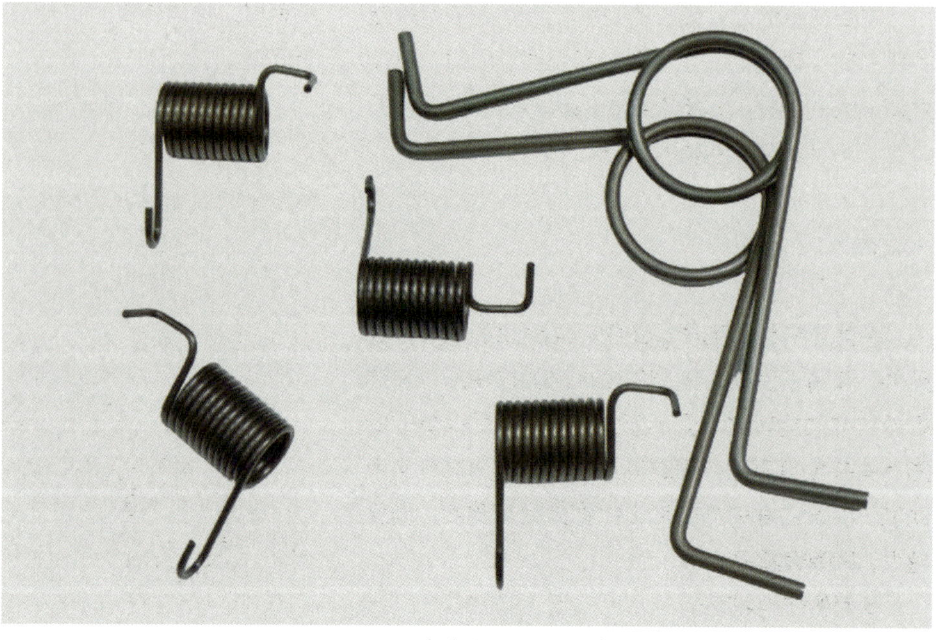

图4-40　扭转弹簧

4. 其他弹簧

除了以上几种弹簧形式，还有两种不常见的空气弹簧和碳纳米管弹簧。

空气弹簧是在柔性密闭容器中加入压力空气，利用空气的可压缩性实现弹性作用的一种非金属弹簧，用在高档车辆的悬架装置中可以极大改善车辆的平顺性，从而显著提高了车辆运行的舒适性，所以空气弹簧在汽车、铁路机车上得到了广泛应用（图4-41）。

碳纳米管弹簧，需要先制出碳纳米管薄膜，再利用纺丝技术将碳纳米管薄膜纺成。碳纳米管弹簧的直径可达上百微米，而长度可达几厘米，其有望应用于可伸缩导体、柔性电极、微型应变传感器、超级电容器、集成电路、太阳能电池、场发射源、能量耗散纤维等领域，还有望应用于医疗器械，比如拉力传感绷带等。

二、弹力结构的应用

弹性变形连接指利用连接件整体或局部的弹性变形实现结构部件之间的连接与固定。采用弹性变形连接的两个部件可以其中一个发生弹性变形，也可以两个都发生弹性变形，或者二者都没有发生弹性变形，而通过另一个元件的弹性变形将二者连接起来。采用弹性变形连接的结构，在连接状态下，有的连接件处于弹性变形状态下，有的可能处于非弹性变形状态下。

弹力结构也经常出现在各种设计中。

Yaktrax防滑鞋底设计。冬天在冰上或雪地上走路，一不小心就会摔倒，穿钉子鞋的话，就能降低摔倒的概率。Yaktrax Run是安装在鞋底的防滑系统（图4-42），适用于所有鞋型。无论人们在雪地，还是在其他复杂的地形中行走，其都能起到良好的防滑作用。该配件采用非对称设计结构，上面缠有线圈，线圈在弹力的作用下紧紧缠绕在鞋的附件上，并配有可以更换的防滑刺，使用时，安装和拆卸十分方便。

图4-41　空气弹簧

图4-42　Yaktrax Run防滑系统

第六节　气囊结构

气囊结构指的是能承受周围空气压力、传递和释放外力，并使柔性的薄膜充气后成为一个均匀而有弹性的结构体。气囊结构一般采用柔软而有弹性的面料，设计、裁剪、接合、填充介质后形成形态。

一、气囊结构设计必须符合三个力学条件

（1）结构必须具有抗拉作用，且不渗漏内部气体。

（2）结构体内的气体压力、各个部位的拉力必须保持均衡稳定，以保证充气后表面较少褶皱，饱满而挺拔。

（3）结构体内的内部空间要相贯通，以最大限度发挥气囊整体的支撑作用。

二、气囊结构的应用

气囊结构在各种产品中被广泛应用。

（1）安全气囊。安全气囊（图4-43）主要是防止乘客在碰撞事故中二次碰撞的装置，属于汽车的被动安全系统。当发生碰撞事故时，传感器接收汽车碰撞信号，并将接收到的信号传送到控制器，控制器接收传感器的信号并进行处理。当判断须打开气囊时，发出点火信号以触发气体发生器，气体发生器接收到点火信号后，迅速点火并产生大量气体填充气囊，使乘客通过气囊的吸能缓冲降低碰撞时的伤害。通常情况下，如果将气囊冲破模块面盖的时刻定为0ms，则10ms 时气囊冲出，20ms时气囊已

图4-43　安全气囊

图4-44　Kingii充气手环

基本展开，30ms后气囊完全充满气体。

（2）Kingii充气手环。Kingii充气手环（图4-44）是全球最小的水中救生设备。Kingii充气手环在不使用时，可以收纳在手腕上的小盒子里，看上去就像是一个运动手环，而一旦有溺水危险时，只需要拉动银色手柄，一个小型个人浮垫就会自动充气，依靠强大浮力将落水者拉到水面。对比同类型其他的救生设备，Kingii充气手环有着小巧简洁的设计风格。它整体结构包括腕带、气仓和气囊，仅重139g，在推出充气救生球后能轻松将溺水者浮起，最高可负重达125kg。二氧化碳气罐是整个产品的核心部分，原理是高压气罐在瞬间释放大量气体充满气囊，使气囊膨胀，从气囊仓弹出并产生浮力。当不幸落水、受淹时，用户只需搬动阀门，就会有一个救生球跳出并立刻充满二氧化碳气体。

（3）救生衣。如图4-45所示的漂浮装置可以充当救生衣使用，它外层采用耐磨、防水、保温的尼龙制成，内层则是使用聚氨酯泡沫座位填充物，可以塑造出人体的形状，提供足够的浮力。当人在水中遇到危险时，穿上该救生衣，气囊的浮力作用可使人保持在水面以上。

（4）华为WATCH D。华为WATCH D（图4-46）作为可穿戴设备，其体积小巧，拥有独特气囊设计，戴在手上就能随时测血压，其测血压的原理和常见血压仪基本相同，其可以通过给贴近腕带的气囊充气来测量脉搏。华为WATCH D的准确名称应该是“腕部心电血压记录仪”。为了提升WATCH D测血压的准确度，华为设计了可拆卸的长条状气囊（有M和L两种规格）。这个气囊由表身内置的微型气泵进行充气，最高可加压至300mmHg，相当于常见血压仪的加压水平，确保可测量最高230mmHg的高压。除了上面提到的健康检测功能，华为WATCH D还能检测心率、血氧饱和、体温等，其具备70多种运动模式，可显示手机通知，正常使用可续航7天。

本章对现有的产品设计结构类型进行了分类讲解，并选用了大量的相关设计案例帮助大家对不同结构的使用场景进行理解，能对大家以后在设计中选用合适的结构提供帮助。

图4-45　救生衣

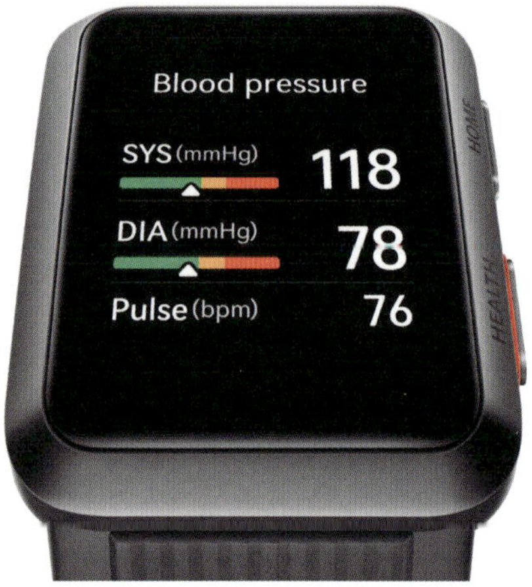

图4-46　华为WATCH D

? 思政与思考题

1. 你还知道设计中有哪些常用结构？请举例。
2. 任选本章讲过的一种结构进行产品设计。
3. 请谈谈在产品结构设计中，如何通过材料选择和结构优化体现绿色环保理念？

第五章

产品运动结构与设计应用

5

建筑学中，结构和材料是建筑师和结构工程师的必修课，结构包括结构设计和力学部分，而所有的结构设计最终都要符合力学原理。这一点和工业设计专业很接近。区别在于，一般来讲，建筑中很少涉及“机械”方面的内容，但工业设计专业除了要学习这两门知识外，在结构知识中还要加上“机械设计”的内容。我们在本章主要学习的是机械设计过程中用到的结构知识。

第一节　机构与机器

在科技发达的今天，机器遍布生活和生产中。机器的种类繁多，结构形式和用途也各不相同，但总的来说机器有三个共同特征：①都是一种人为的实物组合。②各部分形成运动单元，各单元之间具有确定的相对运动。③能实现能量转换或完成有用的机械功。同时具备这三个特征的称为机器，仅具备前两个特征的称为机构。机器与机构最大的区别即能否实现能量的转换。

如图5-1所示为单缸内燃机，它由气缸体、活塞、进气阀、排气阀、连杆、曲轴、凸轮、顶杆、齿轮等组成。通过燃气在缸内的进气—压缩—做功—排气过程，使其燃烧的热能转变为曲轴转动的机械能。单缸内燃机中包含了曲柄滑块机构、齿轮机构、凸轮机构等。活塞、连杆、曲轴等组成的是曲柄滑块机构，在该机构中，活塞的往复移动通过连杆作用到曲轴上，完成曲轴的转动；曲轴转动带动齿轮转动；凸轮和齿轮同轴，通过齿轮转动带动凸轮转动，凸轮机构将凸轮轴的转动变换为顶杆的直线往复运动，完成了进、排气有规律的启闭。

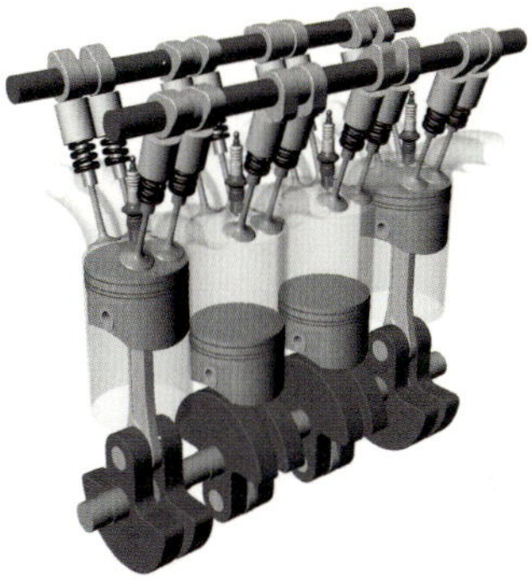

图5-1　单缸内燃机

单缸内燃机符合机器的三个特征，所以其为机器。该机器中还存在着曲柄滑块机构、齿轮机构、凸轮机构等，是一种人为的实物组合并且各部分形成运动单元，各单元之间也具有确定的相对运动，但是不能实现能量转换。

机构是由构件组成的，构件在机构中具有独立运动的特性，它是机构的运动单元。若干构件通过彼此之间既具有一定约束又具有一定相对运动的连接，组成了机构。每一个独立影响机械功能并能够独立运动的单元体称为构件。为了结构和工艺的需要，构件可以由若干个零件刚性连接成一个整体，也可以是独立运动的零件。

零件是机器中基本的制造单元。如图5-2所示的内燃机曲柄滑块机构中包含活塞（滑块）、连杆、曲轴（曲柄）和汽缸等构件，原动件活塞3的直线往复移动，通过连杆2带动曲轴1做连续转动。其中，连杆构件是由连杆体5、连杆盖7、螺栓6和螺母8等零件刚性连接所组成。那么曲轴1、活塞（滑块）3和汽缸这些零件可以作为构件存在，由多个零件组成的连杆也可以作为构件存在。

机械中不可拆的制造单元体称为零件。零件是制造中的最小单元。零件可分为两类：一类是通用零件，是在各种机器中都经常使用的零件，如螺栓、螺母等；另一类是专用零件，是仅在特定类型机器中使用的零件，如活塞、曲轴等。

从运动观点来看，机构与机器无太大区别，统称机械。

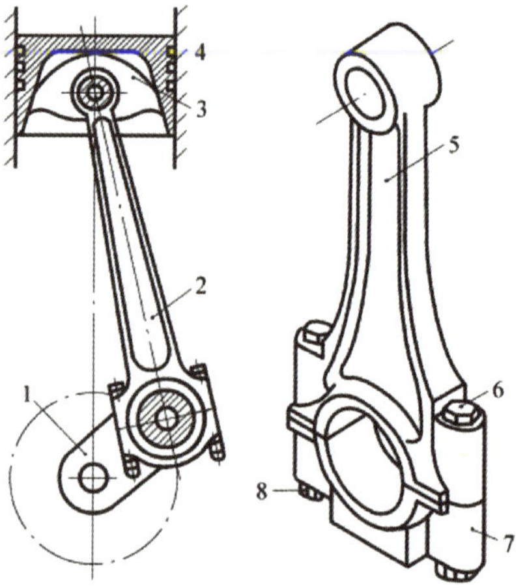

（a）曲柄滑块机构　（b）连杆 2 的组成

图5-2　内燃机中的曲柄滑块机构和连杆

1—曲轴　2—连杆　3—活塞　4—机架　5—连杆体　6—螺栓　7—连杆盖　8—螺母

机构运动简图（二维码）

第二节　机构运动简图

机构是机器的运动部分，即剔除了与运动无关的因素而抽象出来的运动模型，它主要用于研究机器运动，是机械学上的一个术语。

机构是一种抽象的运动模型，是机器运动时所遵循的规律所在。要理解和设计机器的运动方式，就必须研究机构。对于复杂的机器，可以通过科学合理的手段把机器中各个零部件进行简化，用直线、圆等元素代表机器的零件，按照比例绘制零件的简图，即“机构简图”，并通过简图的运动来分析机器的运动。

一、运动副

在机构中，两个构件之间既具有一定约束又具有一定相对运动的连接称为运动副。运动副是构件之间的可动连接，该种连接既可使两物件保持直接接触，又能产生一定的相对运动。机构各个构件之间的运动和力的传递，都是通过运动副来进行的。

两个构件构成运动副的接触元素——点、线和面，称为运动副元素。凡是通过面接触而构成的运动副称为低副，根据组成平面低副的两个构件之间相对运动的性质，低副又可分为转动副［图5-3（a）］和移动副［图5-3（b）］。其中，转动副是两个构件间只能做相对旋转运动的运动副，又称铰链；移动副是两个构件间只能做相对移动运动的运动副。

凡是通过点或线接触而构成的运动副称为高副。常见的高副有凸轮副［图5-3（c）］和齿轮副［图5-3（d）］。

根据组成运动副的两个构件之间做相对平面运动或空间运动，可以将运动副分为平面运动副和空间运动副两类。如图5-4（a）所示为由圆球和球窝组成的球面副，如图5-4（b）所示为由带销圆球和带槽球窝组成的球销副，如图5-4（c）所示为由螺杆和螺母组成的螺旋副，这些都是空间运动副。

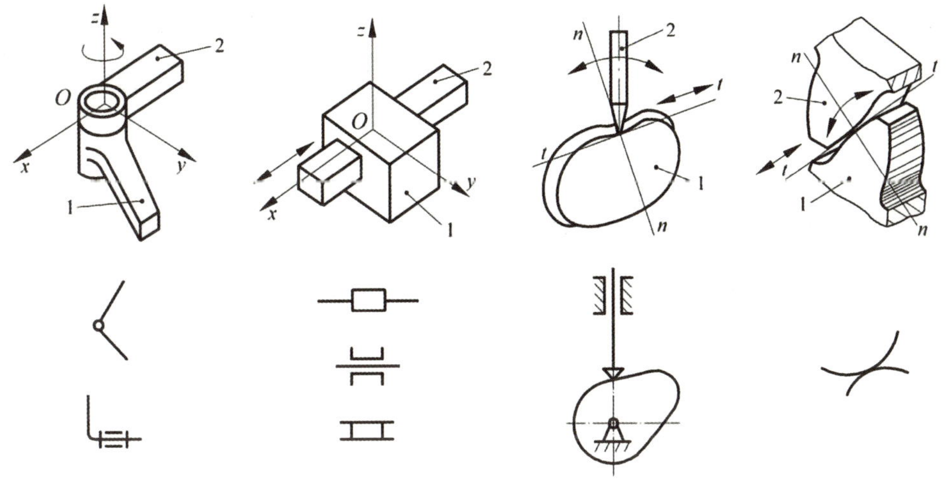

（a）转动副　（b）移动副　（c）凸轮副　（d）齿轮副

图5-3　平面运动副

1，2—构件

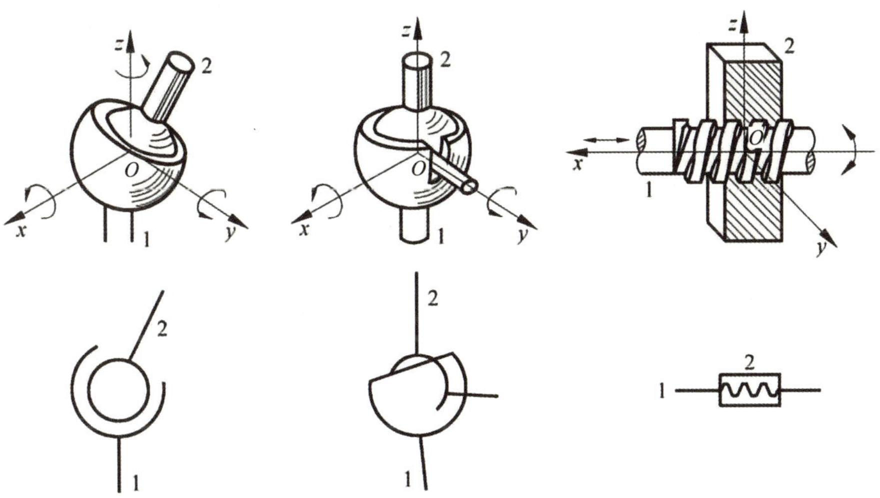

（a）球面副　（b）球销副　（c）螺旋副

图5-4　空间运动副

1，2—构件

二、自由度与约束

一个构件的空间运动可以分解为沿x轴、y轴和z轴的移动以及绕x轴、y轴和z轴的转动，共计6个独立运动，即有6个自由度。

一个构件的平面运动可以分解为沿x轴、y轴的移动和绕一根垂直于平面的轴的转动，共计3个独立运动，即有6个自由度。构件在任一时刻的位置，可以由构件上任意一点的坐标（x，y），以及过该点的直线与x轴的夹角φ3个独立参数来描述，如图5-5中，A-A′构件在xoy平面内可以沿着x轴、y轴移动，及沿着z轴转动。

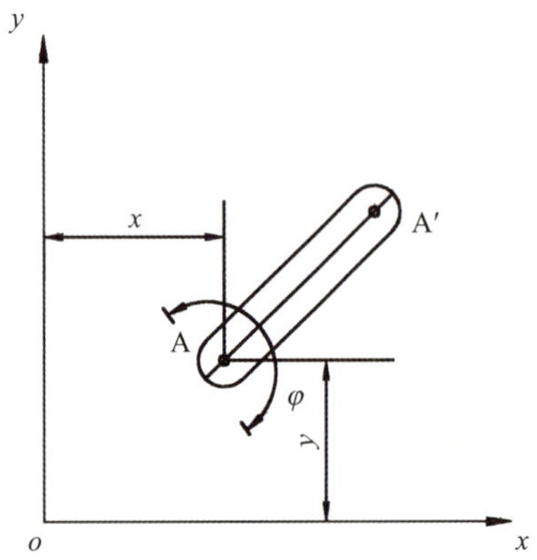

图5-5　构件在空间中的自由度

当一个构件与其他构件组成运动副后，构件的某些独立运动就要受到限制，自由度减少，这种对构件独立运动的限制称为约束。两个构件之间相对约束的数目和性质取决于运动副的形式。

两构件组成转动副时，构件沿着x轴和y轴两个方向的移动受到限制，但是可以绕与xoy平面垂直的z轴转动。因此，转动副的约束数是2，相对自由度为1。

两构件组成移动副时，构件沿着y轴方向的移动和绕与xoy平面垂直的z轴的转动受到限制，但是可以沿着x轴方向移动。因此，移动副的约束数是2，相对自由度为1。

两构件组成平面高副时，构件沿着接触点公法线方向的移动受到限制，但是可以沿着接触点公切线方向移动和绕接触点转动。因此，平面高副的约束数是1，相对自由度为2。

三、平面机构运动简图

1. 平面机构运动简图概念

为了方便研究机构的运动，将机构中的构件、运动副等用简化的方式表示，但是机构的运动形式与构件的外形、截面形状和尺寸、组成构件的零件数目、运动副的具体结构等因素无关。

机构中各从动件的运动是由原动件的运动规律及其各运动副的类型、数目和机构的运动学尺寸（如转动副的中心位置、转动副的中心到移动副导路的中心线的距离、移动副导路中心线之间的夹角、高副接触点的位置等）决定的。在对机构进行运动和受力分析，或者对机构进行结构分析时，不考虑与机构运动无关的因素，采用规定的运动副符号和代表构件的线条，按照运动学尺寸的比例，画出表示机构运动特性的简单图形，我们称这种图形为机构运动简图，它是对机构进行分析和设计的几何模型。

构件通过运动副连接形成的相对可动的系统称为运动链，运动链根据是否闭合又分为闭合运动链和开放式运动链。如图5-6所示为闭合运动链。若将其中某一构件固定作为机架，则该运动链成为机构。根据构件在机构运行过程中所起的作用及所处的环节，可将构件分为三种类型：

（1）固定件：又称机架（O_1O_2杆），是机构中用以支撑运动构件的构件，用作研究运动的参考坐标系。

（2）原动件：又称主动件、输入构件（O_1A杆），驱动机构的外力所作用的、具有独立运动的构件。

（3）从动件：机构中除机架和主动件之外的被迫进行强制运动的构件称为从动件（AB杆、O_2B杆）。

2. 机构运动简图的绘制

机构运动简图的绘制步骤如下：

（1）首先必须搞清楚所要绘制机械的结构及运动情况。需先找出其原动件及机架，然后循着运动

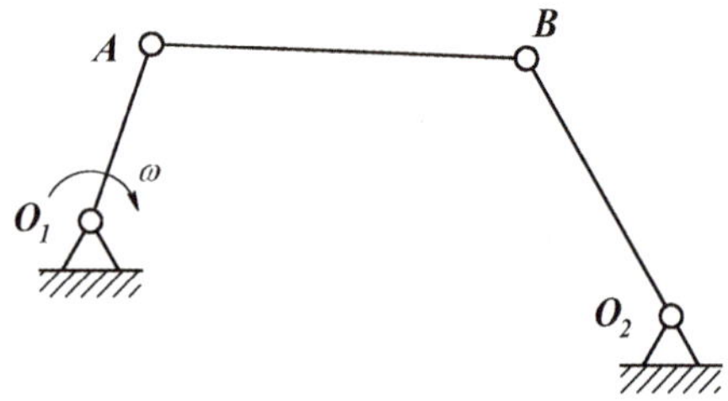

图5-6　平面连杆机构（闭合运动链）

传递的路线把机械的原动部分和传动部分之间的传递情况搞清楚。

（2）搞清楚该机械中构件的数目，并按照各构件之间的接触情况及相对运动的性质来确定各个运动副的类型。

（3）选择与机械中多数构件的运动平面相平行的平面作为绘制机构运动简图的投影面。

（4）选择恰当的比例尺μl=实际尺寸（mm）/图示长度（mm），定出各运动副的相对位置，并用各运动副的代表符号、常用机构的运动简图符号、简单线条，绘制机构运动简图。

3. 机构运动简图实例

下面以冲床的运动简图绘制为例：

（1）冲床机构的运动分析。当冲床的偏心轮2在驱动电机的带动下按顺时针方向等速转动时，通过构件3、4和5，带动冲头6进行上下往复移动，完成冲压工艺动作[图5-7（a）]。其中，运动规律已知的偏心轮2是原动件，机床床身1是相对地面静止不动的机架，其余构件3、4、5和冲头6组成从动件系统。因此，冲床机构有5个活动构件（原动件2和从动件3、4、5、6）。

（2）根据各个构件之间的相对运动性质，确定机构的运动副类型和数目。机架1通过转动副O_1与偏心轮2相连；偏心轮2通过转动副A和连杆3相连；连杆3连接连杆4和连杆5。其中，连杆3依靠转动副B与连杆4相连，连杆4再通过转动副O_2连接到机架1上。连杆3依靠转动副C与连杆5相连，连杆5又通过转动副D与滑块6相连，滑块6通过移动副与机架1相连。

可见，连杆3分别与偏心轮2、连架杆4和连杆5构成转动副（中心分别是A、B和C）；滑块6与连杆5构成转动副（中心是D），与机架1构成移动副（导路在过O_2点的垂直线上）。冲床机构共含有6个转动副和1个移动副。

（3）选择与机构运动平面相平行的平面，作为绘制机构运动简图的视图平面。

（4）选择适当的长度比例尺，确定机构的有关运动学尺寸，按照规定的运动副和构件符号，绘制出机构的运动简图，如图5-7（b）所示。

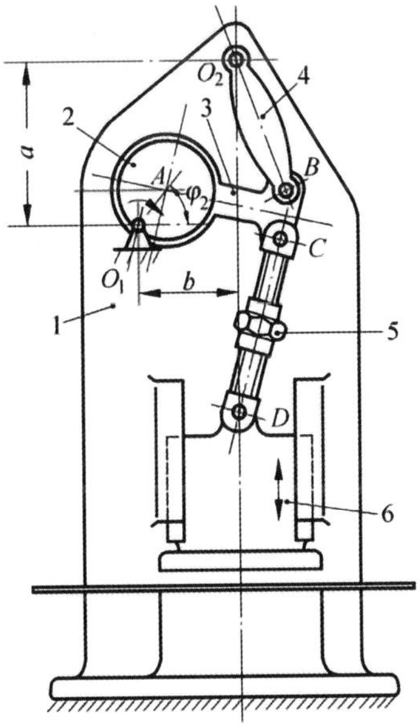

（a）结构运动

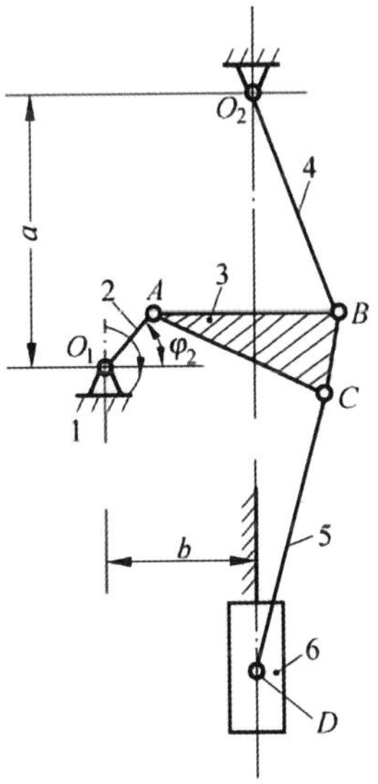

（b）机构简图

图5-7　冲床

平面连杆机构
及设计
（二维码）

第三节　平面连杆机构及设计

在机构的设计中，有一种机构是由四个构件组成，由低副连接形成的，这种机构被称为“四杆机构”。平面四杆机构也称平面连杆机构，是由平面低副连接而成的机构。低副机构是面接触，具有压强低、磨损小的特点，所需的圆柱面或平面制造相对简单，容易获得较高的精度。因此，四杆机构常用于实现转动、摆动或移动等运动形式之间的相互转换和动力传递，在实际操作中应用极为广泛。但是，这种机构运动副磨损后的间隙不能自动补偿，容易累积运动误差。另外，它们也不适用于对运动轨迹要求高精度或复杂运动形式的场合。

由低副所连接的两个构件之间的相对运动关系，不会因为哪个构件是否固定而改变，这一特性称为低副运动的可逆性。机构基本特性分析的任务是，根据机构运动的几何关系，确定机构的基本类型、传递与变换运动和力的特性。

在连杆机构的原动件运动规律保持不变的情况下，通过改变各个构件之间的相对长度，可以使连杆上点的轨迹曲线或从动件实现不同的运动规律要求。机构运动设计的任务是，根据机构给定的构件尺寸参数和运动规律，确定未知构件的运动尺寸。研究平面连杆机构的特性有助于我们在进行产品设计时对平面连杆机构的选用。

平面连杆机构中最常见的分为铰链四杆机构和滑块四杆机构两类。机构中的运动副都是转动副（铰链），该机构即为铰链四杆机构。若机构中含有一个或两个移动副，则该机构为滑块四杆机构。

一、铰链四杆机构

在转动副中，根据两个构件之间的相对运动关系，可以分为周转副和摆动副两种。如果一个构件相对于另一个构件能做整周转动，如图5-8中的固定铰链O_1，则该铰链为周转副；如果一个构件相对于另一个构件只能做小于360°的摆动，如固定铰链O_2，则该铰链为摆动副。

根据两个构件中是否有一个构件与机架固定连接，可以分为固定铰链和活动铰链两种。如果一个构件与机架固定连接，如铰链A和B，则该铰链为固定铰链；如果两个构件都是活动的，如铰链O_1和O_2，则该铰链为活动铰链。

在四杆机构中，固定不动的构件（构件O_1O_2）称为机架；与机架相连的构件（构件O_1A、构件O_2B）称为连架杆；与连架杆相连的构件（构件AB）称为连杆。如果连架杆与机架连接的固定铰链是周转副，或者说连架杆能做整周转动，则该连架杆称为曲柄；如果连架杆与机架连接的固定铰链是摆动副，或者说连架杆只能做小于360°的摆动，则该连架杆称为摇杆。

根据连架杆是否存在曲柄，可将铰链四杆机构分为三种基本形式：曲柄摇杆机构、双曲柄机构和双摇杆机构。我们分别进行研究。

（1）曲柄摇杆机构。两个连架杆中，一个连架杆是曲柄，另一个连架杆是摇杆的铰链四杆机构，称为曲柄摇杆机构，如图5-8所示。该机构的运动特点是曲柄的等速转动与摇杆的摆动之间的相互转化。

当曲柄作为主动件时，可以将曲柄的连续转动转化为摇杆的往复摆动。如图5-9所示的雷达天线俯仰机构中，当曲柄*AB*进行360°转动时，可通过连杆*BC*的运动带动摇杆*CD*往复摆动，从而调整天线俯仰角的大小。

同样，如图5-10所示的容器搅拌机构中，当曲柄*AB*转动时，可通过带动连杆*BC*延长部分使其上的*E*点的轨迹实现对液体的搅拌。

在铰链四杆机构中，摇杆也可以作主动件。当摇杆作主动件往复摆动时，就会将摇杆的摆动转化成曲柄的转动。如图5-11所示的缝纫机踏板机构，我们会把力作用在踏板上，使得踏板往复摆动，即摇杆*CD*进行往复摆动，通过连杆*BC*带动曲轴（曲柄）*AB*进行连续整周转动，再通过皮带传动驱动缝纫机头的机构工作。

（2）双曲柄机构。两个连架杆都是曲柄的铰链四杆机构，称为双曲柄机构。双曲柄机构有普通双曲柄机构、平行双曲柄机构（平行四边形机构）、逆平行四边形机构三种形式。

普通双曲柄机构的运动特点是：两个连架杆都是曲柄，主动曲柄的等速转动转化成从动曲柄的变速转动，如图5-12所示。

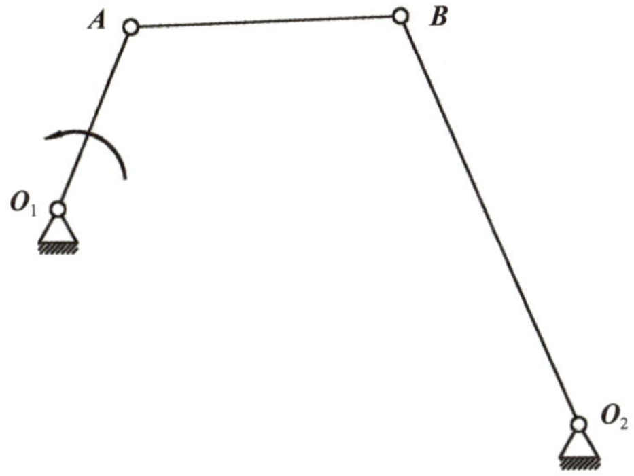

图5-8　曲柄摇杆机构（铰链四杆机构）

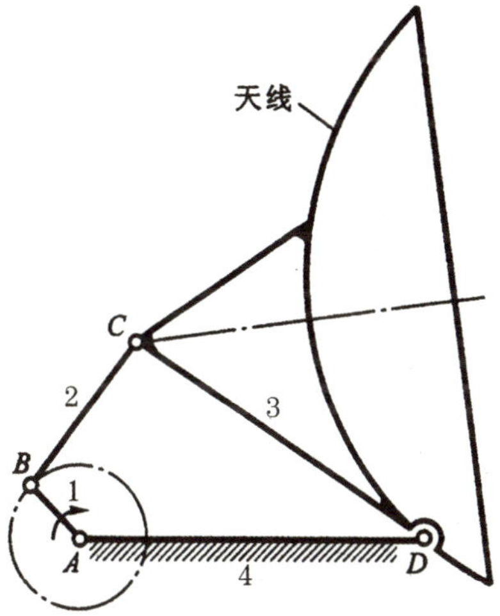

图5-9　雷达天线俯仰机构

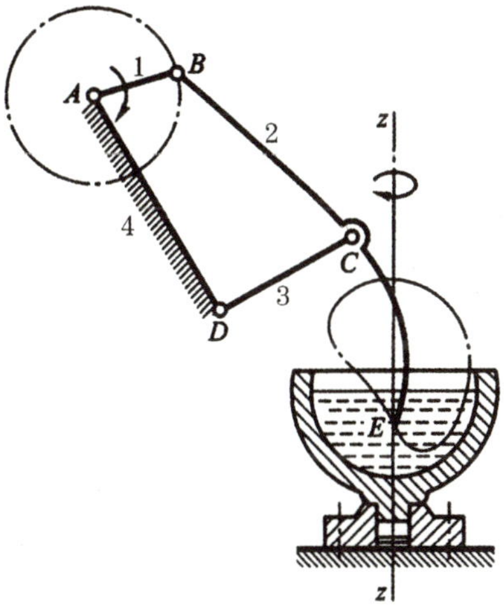

图5-10　容器搅拌机构

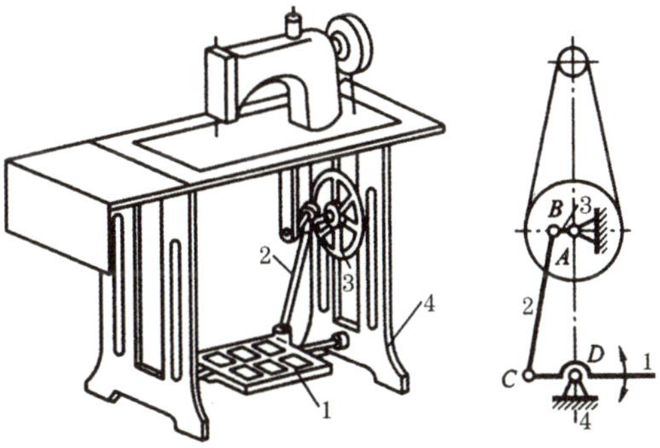

图5-11　缝纫机踏板机构

如图5-13所示的惯性筛传动机构就是由一个双曲柄机构*ABCD*添加了一个连杆*CE*和滑块*E*所组成的。当主动曲柄*AB*等速转动时，通过连杆*BC*、从动曲柄*CD*和连杆*CE*，带动滑块*E*（筛）进行水平往复移动。

在双曲柄机构中，如果两个曲柄的长度相等（$O_1A=O_1B$），机架与连杆的长度也相等（$O_1O_2=AB$），则为平行双曲柄机构。平行双曲柄机构的运动特点是两曲柄转动的角速度始终相等，连杆进行平动，且始终平行于机架（图5-14）。

如图5-15所示的天平机构就是一个平行四边形机构：机构的两相对构件相互平行，主动曲柄与从动曲柄进行同速同向转动，连杆则进行平移运动，且与机架平行，使两天平盘始终保持水平位置。机车车轮联动机构也是典型的平行双曲柄机构的应用。

逆平行四边形机构（逆平行双曲柄机构）的运动特点是：连杆与机架长度相等，双曲柄的转向相反且角速度不等（图5-16）。机架O_1O_2与连杆*AB*不平行，曲柄O_1A与O_2B进行反向转动。

如图5-17所示的车门启闭机构就是应用了逆平行双曲柄机构。曲柄*AB*和曲柄*CD*的转动方向相反，可以保证分别与曲柄*AB*和*CD*固定连接的两扇车门同时开启或关闭。

经上述可发现，在机构为平行四边形机构时，会出现两种可能的运动形式，不符合机构运动的唯一确定性的要求。所以，为了消除运动的不确定性，可以利用从动件自身的惯性或加虚约束。

（3）双摇杆机构。两个连架杆都是摇杆的铰链四杆机构，称为双摇杆机构（图5-18）。

如图5-19所示的炉门启闭机构*ABCD*是一个双摇杆机构，摇杆*AB*作为主动件在摇摆时，在*CD*杆的支撑下，带动炉门*BC*杆摆动，从而可以变更炉门*BC*的方向，完成炉门的启闭。

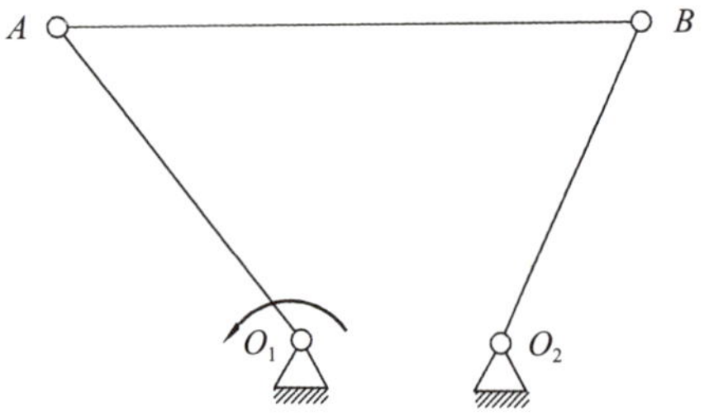

图5-12　双曲柄机构

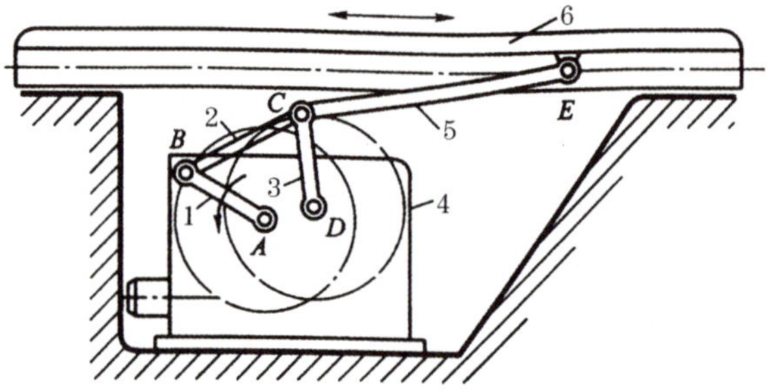

图5-13　惯性筛传动机构

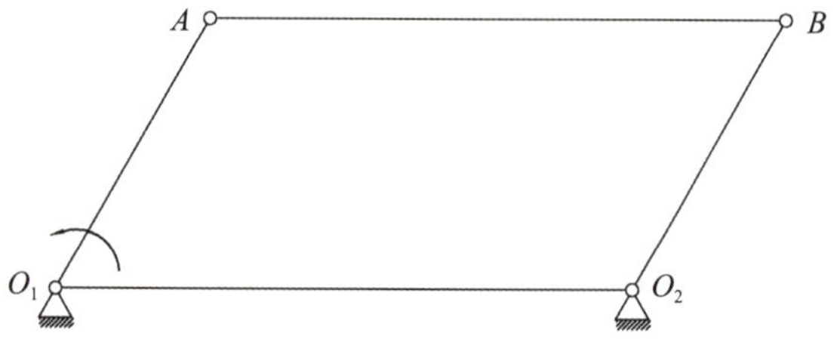

图5-14　平行双曲柄机构

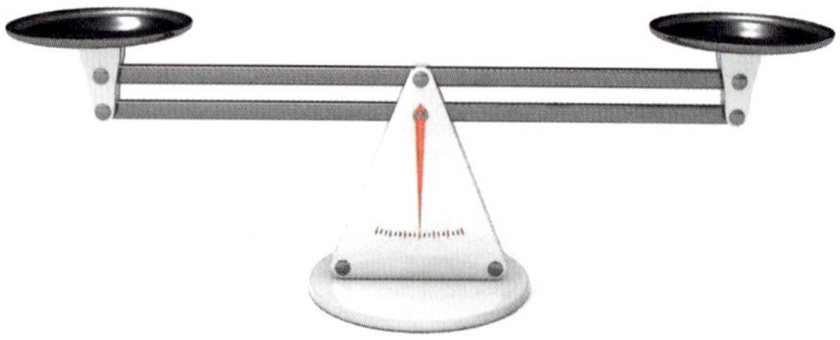

图5-15　天平机构

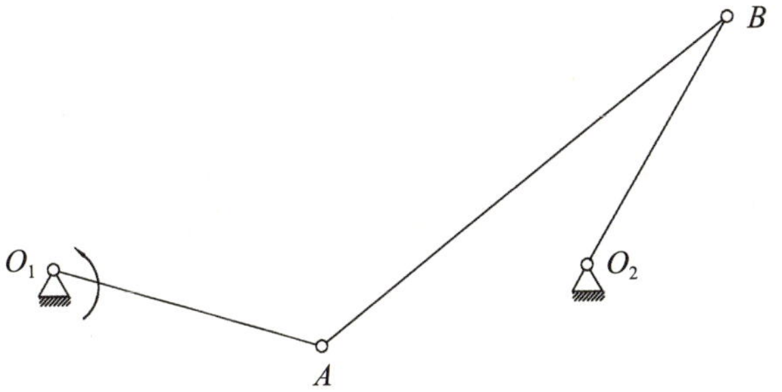

图5-16　逆平行四边形机构

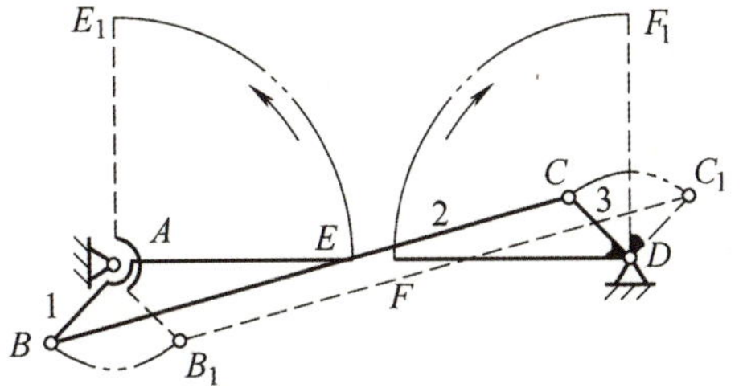

图5-17　车门启闭机构

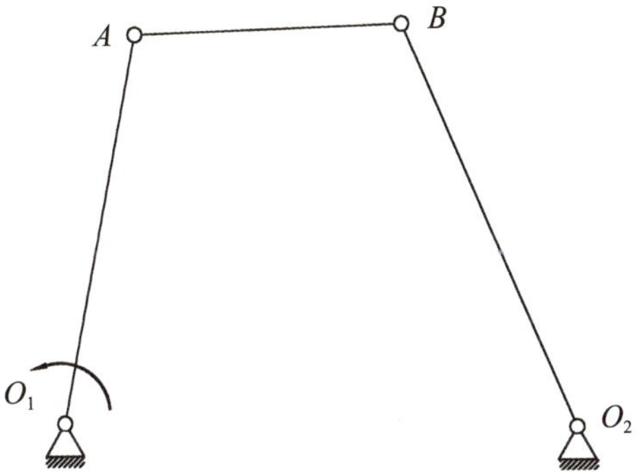

图5-18　双摇杆机构

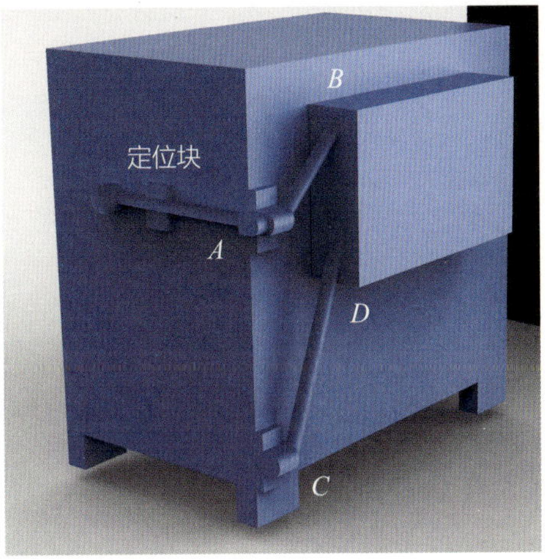

图5-19　炉门启闭机构

如图5-20所示的鹤式起重机中，*ABCD*也是一个双摇杆机构，当主动摇杆*AB*摆动时，从动摇杆*CD*也随着摆动，从而使连杆*CB*延长线上的重物悬挂点*E*作近似水平直线运动。

1. 铰链四杆机构的判断方法

在铰链四杆机构中，机构有无周转副及其配置状态如何（周转副是否固定铰链），决定了机构的类型。在设计时如何确定各构件的长度呢？或已知构件的长度，如何确定为何种机构呢？

经过计算推理可知，当最长杆与最短杆的长度之和大于其余两杆长度之和时，此机构必定为双摇杆机构。

当最长杆与最短杆的长度之和小于或等于其余两杆长度之和时，需要看哪根杆为机架。如果最短杆为机架，该机构为双曲柄机构；如果最短杆的相邻杆为机架，该机构为曲柄摇杆机构；如果最短杆的对杆为机架，该机构为双摇杆机构。

2. 平面连杆机构的特点

平面连杆机构有几个显著的特点：急回运动、死点等。

（1）急回运动。如图5-21所示，在曲柄摇杆机构中，当曲柄作为主动件匀速转动时，分别在AB_1和AB_2两个位置与*BC*杆共线，这两个位置即为两个极限位置。摇杆处于两极限位置时，对应的曲柄两位置AB_1与AB_2之间所夹的锐角θ为极位夹角。当曲柄匀速转动从AB_1到AB_2位置时，转动的角度φ_1为$180°+\theta$，摇杆从C_1D摆动到C_2D位置时，时间为t_1，摇杆平均速度为ω_1；当曲柄匀速转动从AB_2到AB_1位置时，转动的角度φ_2为$180°-\theta$，摇杆从C_2D摆动到C_1D位置时，时间为t_2，摇杆平均速度为ω_2；由于曲柄是匀速转动，$\varphi_1>\varphi_2$，得$t_1>t_2$，所以摇杆往复摆动的平均速度$\omega_2>\omega_1$。即摇杆在回程的速度更快，用的时间也更少。摇杆的这种往复摆动快慢不同的运动就是急回运动。在机械设计中，常利用机构的这一特性来缩短非生产时间，以提高劳动生产率。

（2）死点。在曲柄摇杆机构中，当曲柄作为主动件转动时，该机构不会出现卡死现象，若主动件为摇杆，到达极限位置时，连杆*BC*上力的方向与*AB*杆重合，机构的传动角为零，此时无论力多大均无法使*AB*杆产生转动，这时就是死点位置。即连杆与曲柄共线时，机构的传动角为零，此位置为机构死点。

缝纫机机构踏板即摇杆为主动件，故在工作中会出现卡死现象。为了解决死点带来的问题，可增加飞轮或使用机构的错位排列，利用飞轮机构的惯性，度过死点位置。

死点也有有利的一面，有些机构在工作时，需要利用死点位置实现某些功能。如图5-22所示的连杆式夹具，当工件被夹紧后，连杆*BC*与从动件*CD*共线，机构处于死点位置。尽管夹紧驱动力*F*被撤去，由于工件在被加工时通过连杆*BC*给予从动件*CD*的驱动力矩通过它的转动中心*D*，因此从动件不会转动，夹具卡死不动。

如图5-23所示的飞机起落架处于放下机轮的位置（实线）时，连杆*BC*与从动件*CD*共线，机构处于死点位置。所以机轮着地后产生的巨大冲击力不会使机轮上的从动件反转。

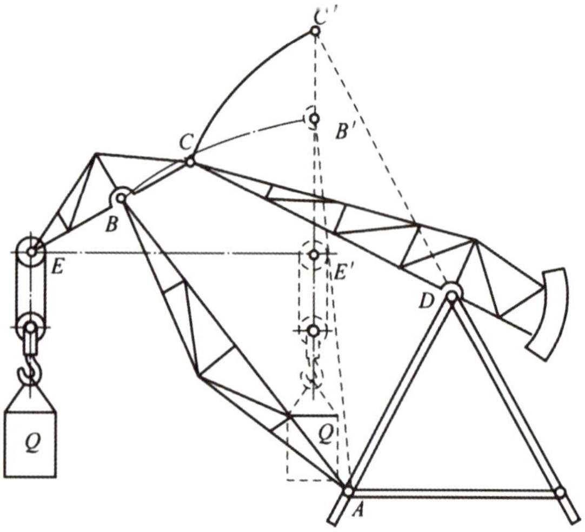

图5-20　鹤式起重机

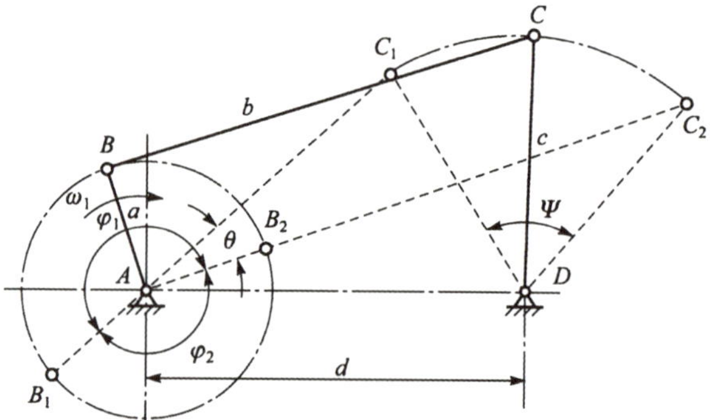

图5-21　平面连杆机构的急回运动

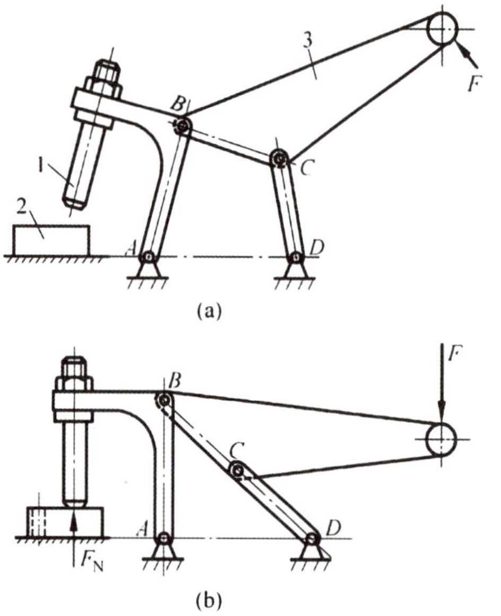

图5-22　连杆式夹具

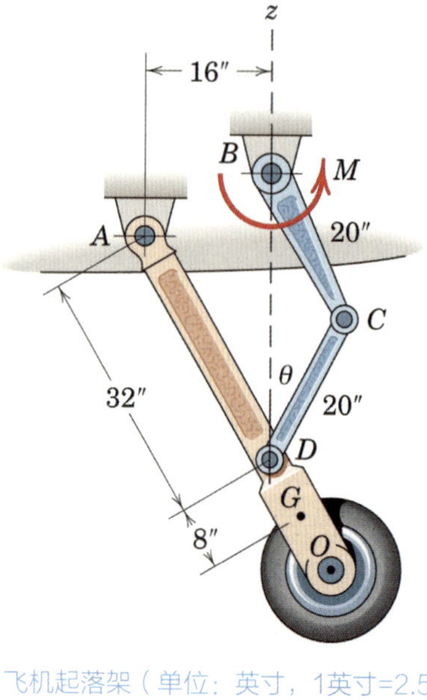

图5-23　飞机起落架（单位：英寸，1英寸=2.54厘米）

二、滑块四杆机构

我们从前述内容可知，曲柄摇杆机构的摇杆是以铰链为中心，以摇杆的长度为半径进行往复摆动的。如果把摇杆去掉，加一个滑块，使得滑块的运动和摇杆一样，那么就得到了一个新的机构——曲柄滑块机构。若将曲柄滑块机构的不同构件作为机架，则可由曲柄滑块机构演化得到导杆机构、摇块机构和定块机构。

1. 曲柄滑块机构

曲柄滑块机构是由曲柄连杆机构演变而来的。曲柄滑块机构的运动特点是：曲柄进行360°转动，滑块进行往复直线运动。

若滑块移动导路中心线通过曲柄回转中心A，则称为对心曲柄滑块机构，如图5-24所示。若滑块移动导路中心线不通过曲柄回转中心A，则称为偏置曲柄滑块机构，如图5-25所示。

如图5-26所示为内燃机机构，活塞、连杆、曲轴处形成曲柄滑块机构，活塞作为主动件上下往复移动，曲轴作为从动件在连杆的带动下进行360°转动。内燃机机构是对心曲柄滑块机构。

2. 导杆机构

导杆机构是在曲柄滑块机构的基础上将不同的构件作为机架演变得到的。根据导杆的运动形式不同，分为转动导杆机构、摆动导杆机构、摇块机构和定块机构。

（1）转动导杆机构。其是指在导杆机构中，导杆仅能在某一角度范围内往复摆动。在导杆机构中，如果导杆能进行整周转动，则称为转动导杆机构。

转动导杆机构的特点是：机构中最小的构件（构件1）作为机架，导杆2带动滑块3做360°转动，如图5-27所示。

如图5-28所示为缝纫机下针机构运动简图，该机构就是利用了转动导杆机构，导杆转动带动滑块移动，从而带动针的上下往复移动。

（2）摆动导杆机构。其是指在导杆机构中，导杆仅能在某一角度范围内往复摆动，在导杆机构中，如果导杆仅能在某一角度范围内往复摆动，则称为摆动导杆机构。

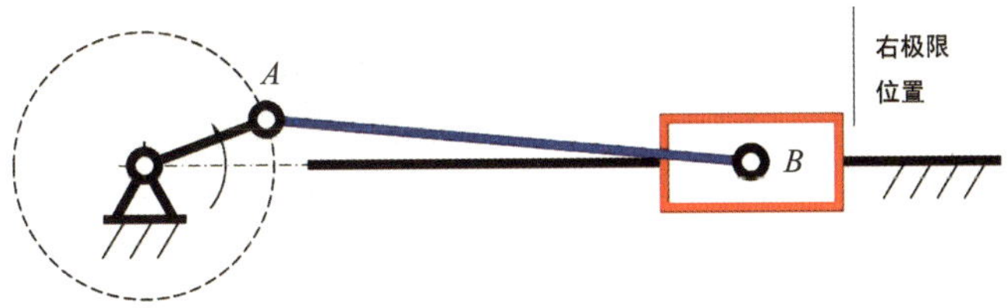

图5-24　对心曲柄滑块机构

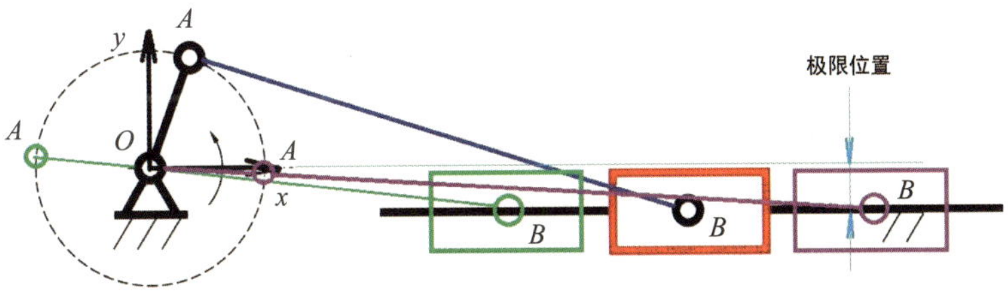

图5-25　偏置曲柄滑块机构

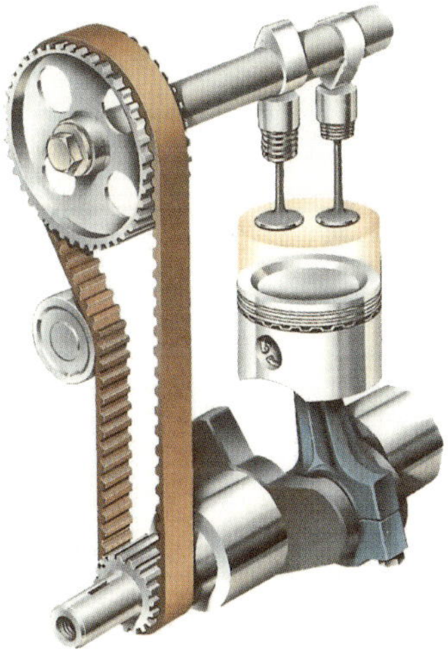
图5-26　内燃机机构

摆动导杆机构的特点是：机构中最小构件的相邻杆（构件1）作为机架，构件2带动着滑块3使导杆4进行往复摆动，如图5-29所示。

（3）摇块机构和定块机构。摇块机构和定块机构也是在曲柄滑块机构的基础上演变而来的。曲柄摇块机构，简称“摇块机构”。该机构是具有一个曲柄和一个摇块的平面连杆机构，能将曲柄的旋转运动通过连杆变换为摇杆和连杆的相对滑动，或进行相反的运动变换。如图5-30所示，杆1为曲柄，杆2为机架，杆4为导杆，滑块3安装在杆4上并通过铰链*C*与杆2相连。若杆1为主动件进行360°转动时，杆4在杆1的带动下摆动，从而带动滑块3摆动。如图5-31所示为自卸汽车卸料机构，其应用的就是曲柄摇块机构。其中，杆1为曲柄，杆4带动气缸3（滑块）的摆动。

定块机构是通过将曲柄滑块机构中的滑块固定而演化得出，它可把主动件的回转或摆动转化为导杆相对于滑块的往复移动，如图5-32所示。图5-33所示的手压抽水机是典型的定块机构。

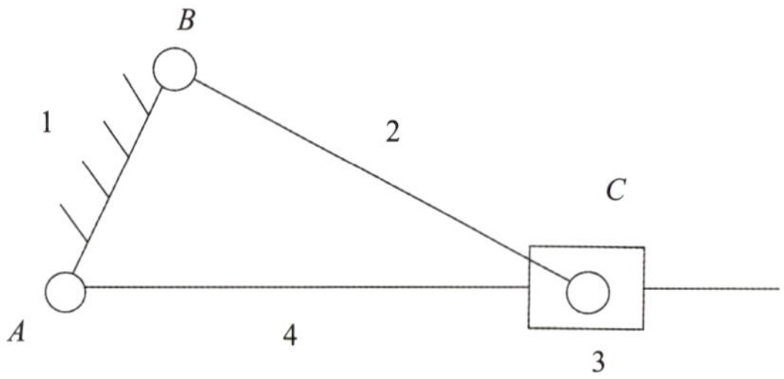

图5-27　转动导杆机构

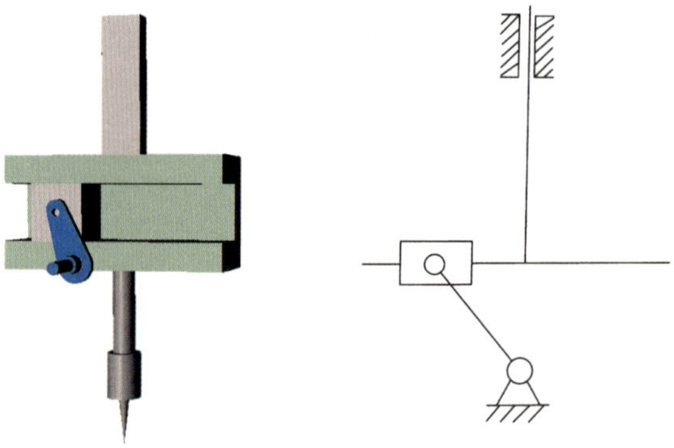
图5-28　缝纫机下针机构运动简图

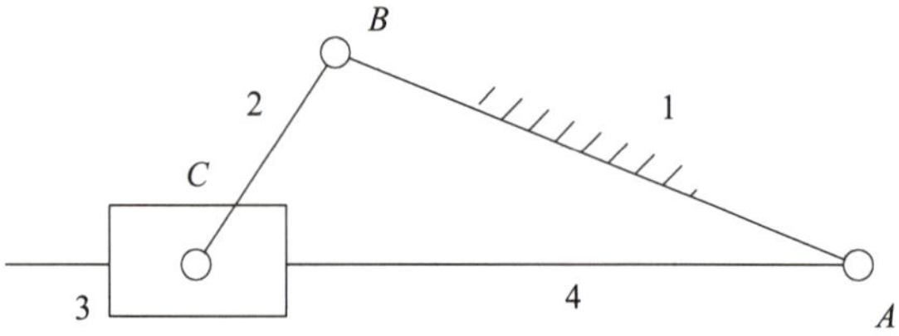

图5-29　摆动导杆机构

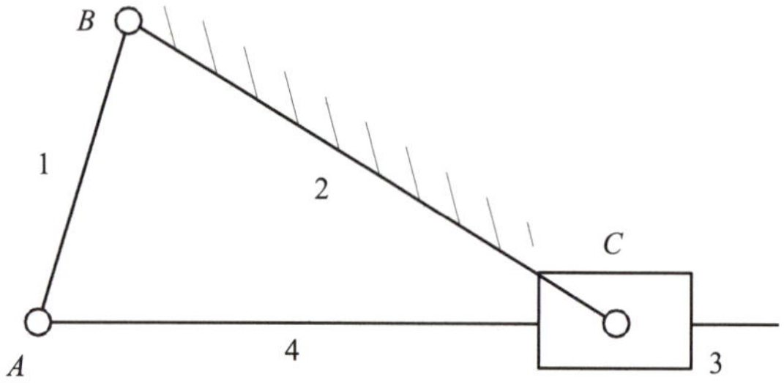

图5-30　曲柄摇块机构

图5-31　自卸汽车卸料机构

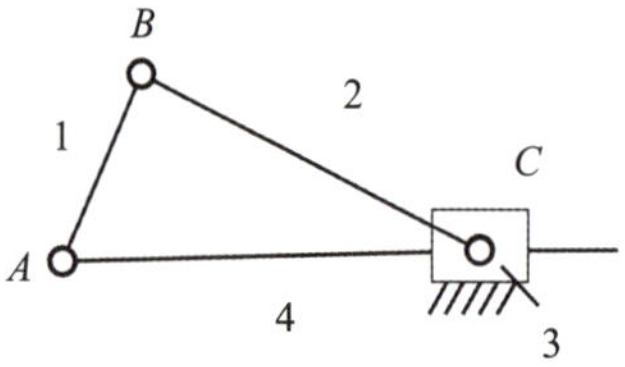

图5-32　定块机构

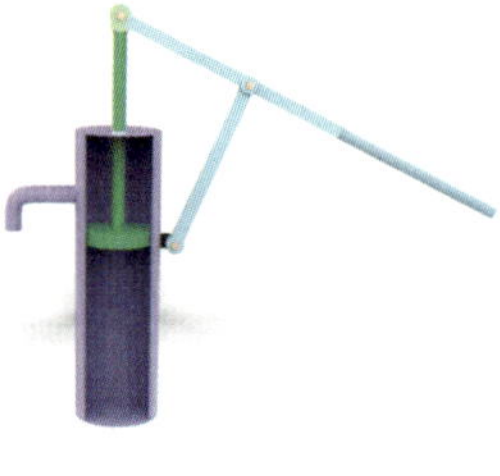
图5-33　手压抽水机

三、平面连杆机构的优劣

平面连杆机构广泛应用于各种机械和仪表中，其主要优点有：

①由于连杆机构中的运动副都是面接触的低副，因而承受的压强小，便于润滑，磨损较轻，承载能力强。

②构件形状简单，构件之间的接触是由构件本身的几何约束来保持的，故构件工作可靠。

③可实现多种运动形式之间的变换。

④利用连杆可实现多种运动轨迹的要求。

其缺点有：

①低副中存在间隙，构件数目较多时会产生较大的累积运动误差，从而降低运动精度，效率低。

②机构运动时产生的惯性力难以平衡，故不适宜高速场合。

第四节 凸轮机构及设计

低副机构一般只能近似地实现给定的运动规律，而且设计较为困难和复杂。当要求从动件的位移、速度和加速度必须严格按照预定规律变化时，常采用凸轮高副机构来实现。凸轮机构结构简单，设计方便，利用不同的凸轮廓线可以使从动件实现各种给定的运动规律，在机械自动控制装置中得到了广泛应用。

凸轮机构及设计
（二维码）

一、凸轮机构的类型

如图5-34所示为内燃机的配气机构，当具有曲线轮廓的凸轮1进行等速回转时，凸轮曲线轮廓通过与气阀2（从动件）的平底接触，迫使气阀2相对于气阀导管3（机架）进行往复直线运动，从而控制了气阀有规律的开启和闭合。气阀的运动规律取决于凸轮曲线轮廓的形状。

如图5-35所示为自动车床的进刀机构。当具有曲线凹槽的凸轮1等速转动时，其曲线凹槽的侧面与从动件2上的滚子接触并驱使从动件2绕O点进行往复摆动，通过扇形齿轮2和固定在刀架3上的齿条，控制刀架进行进刀或退刀运动。刀架的运动规律完全取决于凸轮1上曲线凹槽的形状。

从以上两个实例可以看出，凸轮机构是由凸轮、从动件和机架3个构件组成的。凸轮是一个具有曲线轮廓或凹槽的构件，其通常作为原动件。当它运动时，通过其曲线轮廓或凹槽与从动件的高副接触，使从动件获得预期的运动规律。

凸轮机构应用广泛，类型也很多，通常按以下几种方法进行分类。

1. 按凸轮的形状分

按凸轮的形状分，可分为盘形凸轮、移动凸轮和圆柱凸轮。

（1）盘形凸轮：这种凸轮是绕固定轴转动并且具有变化向径的盘形构件，

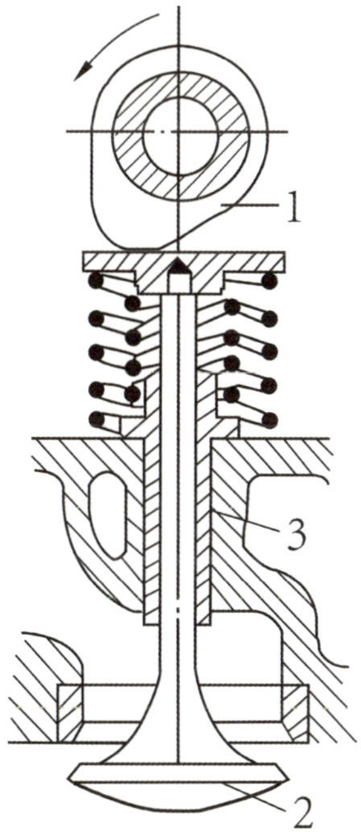

图5-34 内燃机的配气机构

它是凸轮的基本形式，如图5-36（a）所示。

（2）移动凸轮：这种凸轮外形通常呈平板状，如图5-36（b）所示的凸轮，可视作回转中心为移动凸轮机构位于无穷远时的盘形凸轮。它相对于机架进行直线移动。

（3）圆柱凸轮：如图5-36（c）所示，凸轮是一个具有曲线凹槽的圆柱形构件。它可以看成是将移动凸轮卷成圆柱体演化而成的。盘形凸轮和移动凸轮与其从动件之间的相对运动是平面运动，所以它们属于平面凸轮机构；圆柱凸轮与从动件的相对运动为空间运动，故它属于空间凸轮机构。

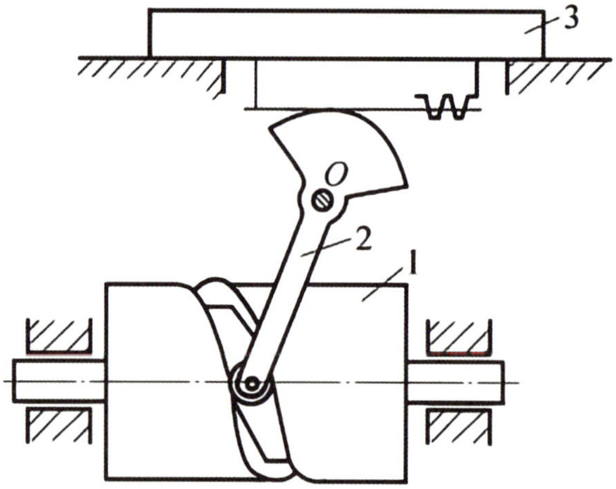

图5-35　自动车床的进刀机构

2. 按从动件的形状分

按从动件的形状分，可分为尖顶从动件、滚子从动件、平底从动件、球面底从动件。

（1）尖顶从动件：如图5-37（a）所示，尖顶能与复杂的凸轮轮廓保持接触，因而能实现任意预期的运动规律。但尖顶极易磨损，故只适用于受力不大的低速场合。

（2）滚子从动件：如图5-37（b）所示，在从动件的顶尖处安装一个滚子，即滚子从动件。由于滚子与凸轮轮廓之间为滚动摩擦，磨损较小，可用来传递较大的动力，因而应用最为广泛。

（3）平底从动件：如图5-37（c）所示，这种从动件与凸轮轮廓表面接触处的端面制成平底（即为平面），结构简单，与凸轮轮廓接触面间易形成油膜，润滑状况好，磨损小。当不考虑摩擦时，凸轮对从动件的作用力始终垂直于平底，故受力平稳，传动效率高，常用于高速场合。其缺点是不适用于轮廓有内凹的凸轮。

（4）球面底从动件：如图5-37（d）所示，从动件的端部具有凸出的球形表面，可避免因安装位置偏斜或不对中而造成的表面应力和磨损都增大的缺点，并具有尖顶与平底从动件的优点，因此这种结构形式的从动件在生产中应用也较多。

3. 按凸轮与从动件保持接触的方式分

凸轮机构是一种高副机构，它与低副机构不同，需要采取一定的措施来保持凸轮与从动件的接触，这种保持接触的方式称为封闭（锁合）。常见的封闭方式有：

（1）力封闭：利用从动件的重量、弹簧力或其

（a）盘形凸轮

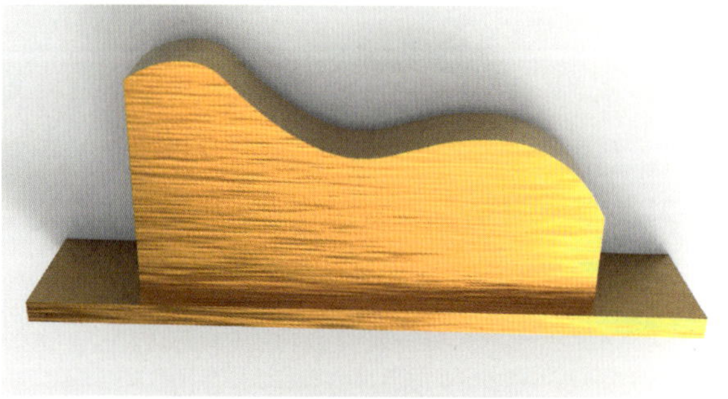

（b）移动凸轮

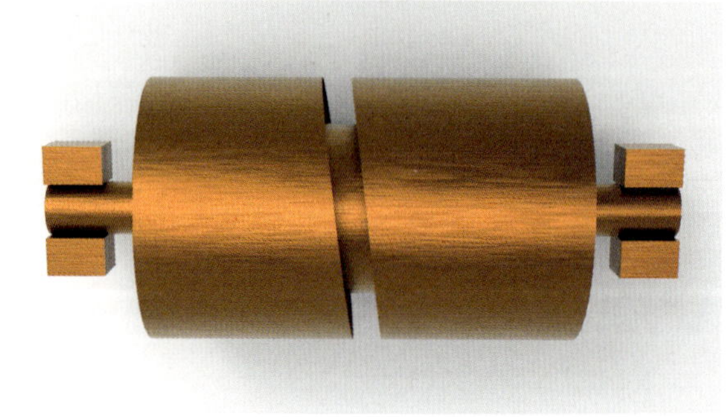

（c）圆柱凸轮

图5-36　各种形状的凸轮

他外力使从动件与凸轮保持接触（图5-38）。

（2）形封闭：依靠凸轮和从动件所构成高副的特殊几何形状，使其彼此始终保持接触，如图5-39所示。

4. 按从动件的运动方式分

按从动件的运动方式分，可分为直动从动件、摆动从动件。

（1）直动从动件：其是指从动件在凸轮的作用下，沿着直线方向移动（图5-40）。

（2）摆动从动件：其是指从动件在凸轮的作用下，往复摆动（图5-41）。

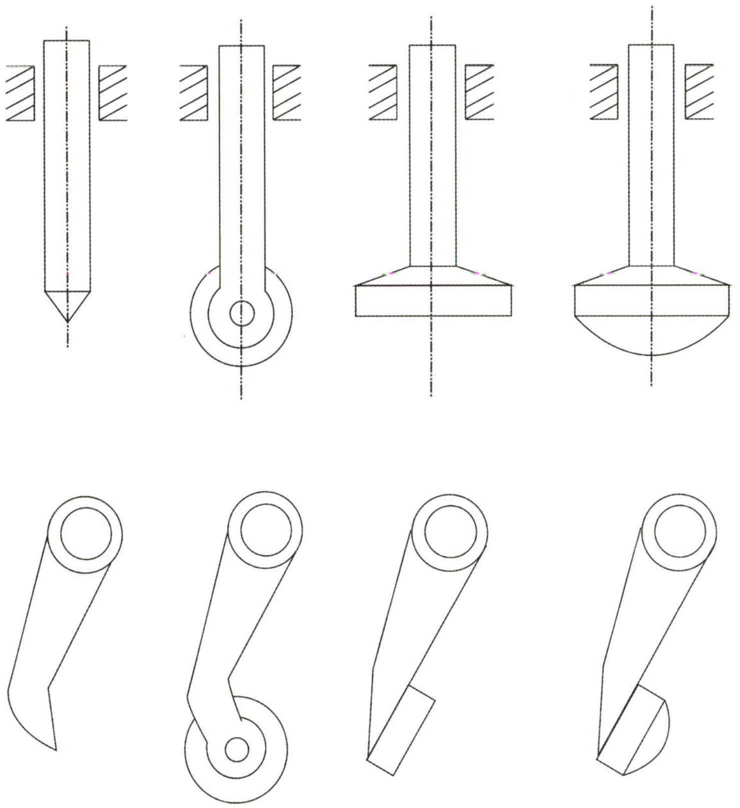

（a）　（b）　（c）　（d）

图5-37　从动件的结构形式

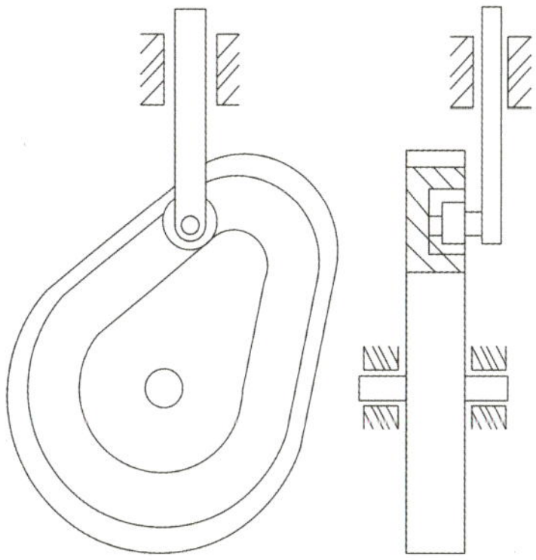

图5-38　力封闭

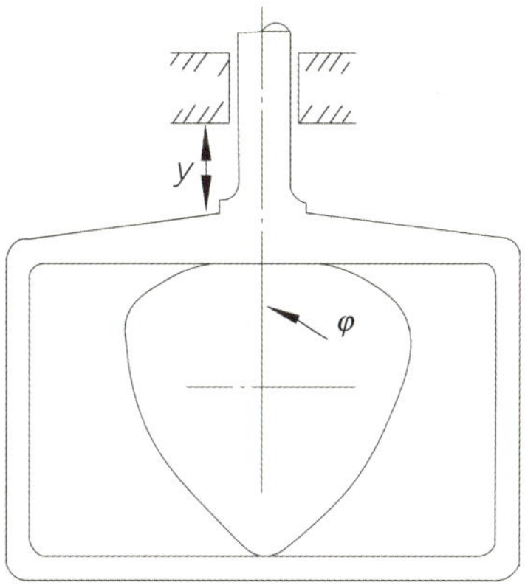

图5-39　形封闭

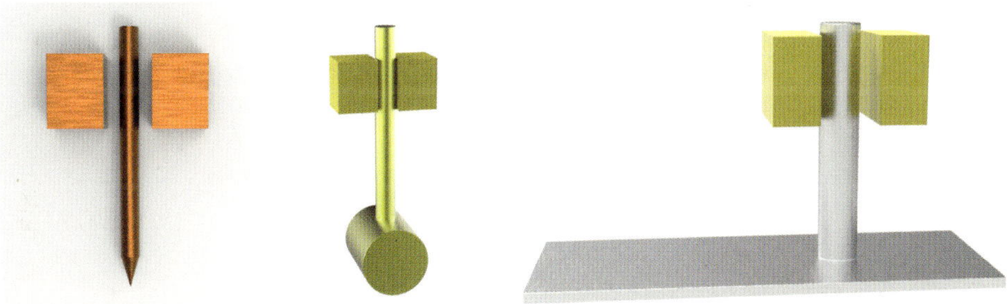

（a）尖顶直动从动件　（b）滚子直动从动件　（c）平底直动从动件

图5-40　各种直动从动件

（a）尖顶摆动从动件

（b）滚子摆动从动件

（c）平底摆动从动件

图5-41　各种摆动从动件

二、凸轮机构的特点

凸轮轮廓线与从动件之间是点或线接触的高副，易于磨损，故多用于传力不太大的场合。凸轮机构的功能可实现无特定运动规律要求的工作行程、实现有特定运动规律要求的工作行程、实现对运动和动力特性有特殊要求的工作行程。

凸轮机构构件少，占据空间不大，是一种结构简单和紧凑的机构。从动件的运动规律是由凸轮轮廓曲线决定的，只要凸轮轮廓曲线设计得当，就可以使从动件实现任意预期的运动规律，并且运动准确可靠。因此，在自动机床进刀机构、上料机构、内燃机配气机构、制动机构以及印刷机、纺织机、插秧机、闹钟和各种电气开关中得到广泛应用。如图5-42所示是食品包装输送机构中运用了凸轮机构。但因凸轮机构是点或线接触的高副机构，易磨损，所以多用于传力不大的控制和调节机构中。

图5-42　食品包装输送机构

第五节　齿轮机构及设计

齿轮机构及设计
（二维码）

齿轮机构用于传递两轴之间的运动和动力，是应用最广、最精确的传动机构。它是通过轮齿的啮合来实现传动要求的。

一、齿轮机构的组成及类型

齿轮机构主要是由主动齿轮、从动齿轮和机架组成（图5-43）。齿轮机构的作用是将主动轴的运动传递给从动轴，使从动轴获得所需的转速、转向和转矩。

齿轮按齿形来分，常见的类型有直齿、斜齿、曲线轮和人字齿等（图5-44）。按相互啮合的两齿轮的相对位置来分，常见的类型有内啮合和外啮合两种。

齿轮传动的类型众多，通常按照两齿轮传动时，相对运动为平面运动还是空间运动划分为平面齿轮传动及空间齿轮传动两类。

图5-43　齿轮机构

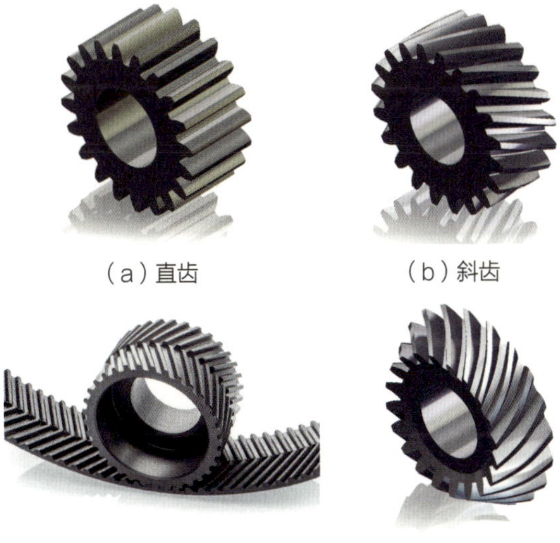

（a）直齿　（b）斜齿　（c）曲线轮　（d）人字齿

图5-44　齿轮按齿形分类

1. 平面齿轮传动

平面齿轮传动是用于两平行轴之间的传动，常见的类型有直齿圆柱齿轮传动、斜齿圆柱齿轮传动和人字齿轮传动三种（图5-45）。

根据齿向分类，平面齿轮传动还可分为外啮合、内啮合及齿轮与齿条的啮合（图5-46）。

2. 空间齿轮传动

空间齿轮传动是用于两相交轴或两交错轴之间的传动。按齿轮的轴线关系常分为相交轴齿轮传动和交错轴齿轮传动。

相交轴齿轮是两齿轮传动时，轴线相交，轴线呈一定角度，轴线为90°的齿轮最常用，如锥齿轮传动。锥齿轮传动最常见的有直齿锥齿轮传动、斜齿锥齿轮传动（图5-47）、曲齿锥齿轮传动。

交错轴齿轮传动是两齿轮传动时，轴线既不平行也不相交，在空间中轴线呈交错状态。最常见的有交错轴斜齿轮传动和蜗轮蜗杆传动（图5-48）。

（a）直齿圆柱齿轮传动　（b）斜齿圆柱齿轮传动

（c）人字齿轮传动

图5-45　平面齿轮传动

（a）内啮合

（b）齿轮与齿条的啮合

图5-46　内啮合、齿轮与齿条的啮合

（a）直齿锥齿轮传动

（b）斜齿锥齿轮传动

图5-47　锥齿轮传动

（a）交错轴斜齿轮传动

（b）蜗轮蜗杆传动

图5-48　交错轴齿轮传动

二、齿轮机构传动的特点

齿轮机构与其他机构相比，优点是传递动力大、传递运动准确可靠、传递的速度范围较大、效率较高，且结构紧凑、使用寿命长等。缺点是制造和安装精度高、成本高；低精度齿轮会产生噪声和振动，不适宜远距离传动。如果需要远距离的齿轮传动，可以选择齿轮系，这里不再展开讲。

齿轮机构的应用十分广泛，如机械钟表、机床的传动装置、机械玩具、电动工具、自行车等。在各种变速动力装置上都可以见到齿轮机构的应用。

第六节　往复运动机构及设计

往复运动机构及设计（二维码）

在产品设计中，往复运动是比较常见的运动需求。从形式上看，往复运动有往复直线运动、往复摆动、往复曲线运动和往复复杂运动等几种，其中往复直线运动和往复摆动最常见，应用也最广。

一、往复直线运动

往复直线运动机构的运动轨迹是沿着直线来回运动的，尽管在运动中途可以是匀速的，但一般来讲，在行程的两端有必然的减速和停止，再进行回返的运动。通常提供原动力的机械是发动机或电动机，输出的是均匀旋转运动。因此，为了获得往复直线运动，关键在于如何实现旋转运动到直线往复运动的有效转换。常用的方法中，有些前面已提及，可见，一种机构应该有多种不同的用途，重点是怎样去组合和从什么角度去利用它。

按机构结构特征命名，实现往复直线运动的常用机构有曲柄滑块机构、凸轮机构、齿轮齿条机构、螺旋机构、挠性件传动等。前面的机构已经讲过，本节主要讨论挠性件传动等。

挠性件传动是通过中间挠性件，把主动轴的运动和动力传给从动轴的一种机械传动形式，常用于两轴相距较远的场合。与其他机械传动相比，挠性件传动结构简单、成本低廉，是一种应用很广的机械传动。挠性件传动主要是指带传动和链传动。

1. 带传动

带传动一般由主动带轮1、从动带轮2、紧套在两带轮上的传动带3及机架组成（图5-49）。

带传动按传动原理来分有摩擦式带传动和啮合式带传动两种。

（1）摩擦式带传动是依靠紧套在带轮上的传动带与带轮接触面之间产生的摩擦力来传递运动和动力的。按传动带的截面形状，又可分为平带、“V”带、多楔带和圆形带（图5-50）等。

平带的截面形状为矩形，与带轮轮面相接触的内表面为工作面，主要用于两轴平行、转向相同的较远距离的传动。

“V”带的截面形状为梯形，与轮槽相接触的两侧面为工作面。带轮的轮槽也是梯形，根据楔面的受力分析可知，在相同张紧力和相同摩擦系数的条件下，“V”带产生的摩擦力要比平带的摩擦力大，所以“V”带传动能力强，结构更紧凑，在机械传动中应用最广泛。“V”带按其宽度和高度相对尺寸的不同，又分为普通“V”带、窄“V”带、宽“V”带、汽车“V”带、齿形“V”带、大楔角“V”带等多种类型。目前，普通“V”带应用最广。

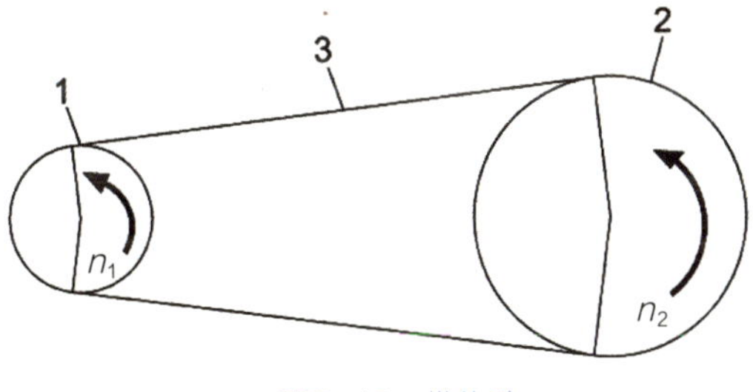

图5-49　带传动

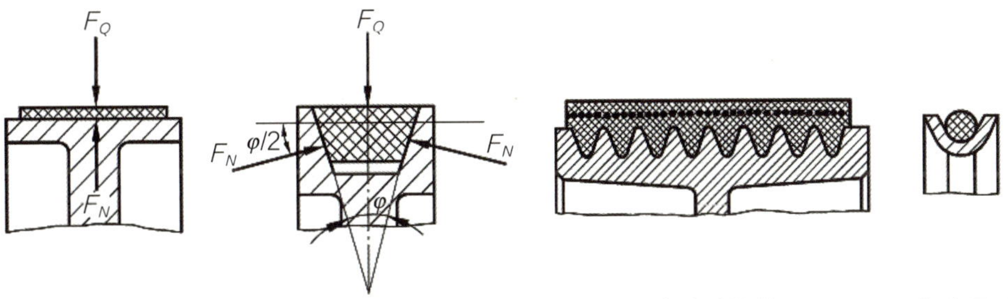

（a）平带　（b）“V”带　（c）多楔带　（d）圆形带

图5-50　带传动类型和横截面形状

多楔带相当于平带与多根“V”带的组合，兼有二者的优点，多用于结构要求紧凑的大功率传动中。

圆形带的截面形状为圆形，仅用于如缝纫机、仪器等低速、小功率的传动。

（2）啮合式带传动是靠传动带与带轮上的齿相互啮合来传递运动和动力的，比较典型的是如图5-51所示的同步带传动。同步带除保持了摩擦带传动的优点外，还具有传递功率大、传动比准确等优点，多用于要求传动平稳、传动精度较高的场合，如录音机、食品搅拌机、数控机床、纺织机械等。同步带的截面为矩形，带的内环表面为齿形。与摩擦式带传动中带的结构不同的是，同步带的强力层大多为钢丝绳，因此在承受载荷之后变形较小。在同步带轮轮缘上也制成与带的内环表面相对应的渐开线齿形，并由渐开线齿形带轮刀具采用范成法加工而成，因此，带轮齿形的尺寸取决于其加工刀具的尺寸。

带，具有良好的弹性，能够缓冲和吸震，因此传动平稳、噪声小。过载时，带与带轮间产生打滑，可以防止其他零件损坏，起到安全保护的作用。带传动结构简单，制造、安装和维护方便，成本低廉。带在工作时，会产生弹性滑动，因此，传动比不能严格保持不变。

2. 链传动

链传动是一种以链条作中间挠性件的啮合传动，一般用于两轴相距较远的场合。

链传动由主动链轮1、从动链轮2，和跨绕在两链轮上的闭合链条3组成，如图5-52所示。工作时，通过链条与链轮轮齿的相互啮合来传递运动和动力。

与带传动相比，链传动主要有以下特点：

（1）链传动是有中间挠性件的啮合传动，无弹性滑动和打滑现象，因此能保持准确的平均传动比。

（2）张紧力小，作用在轴上的压力较小。

（3）结构简单，加工成本低。

（4）对工作条件要求较低，能在高温、多尘、油污等恶劣的环境中工作。

（5）链传动的瞬时传动比不恒定，从动链轮瞬时转速不均匀，传动的平稳性较差，有冲击和噪声，不宜用于高速的场合。

链传动所用的链条种类很多。根据用途的不同，链传动分为传动链、起重链和牵引链。传动链用来传递运动和动力，起重链用于起重机械中提升重物，牵引链用于链式输送机中移动重物。

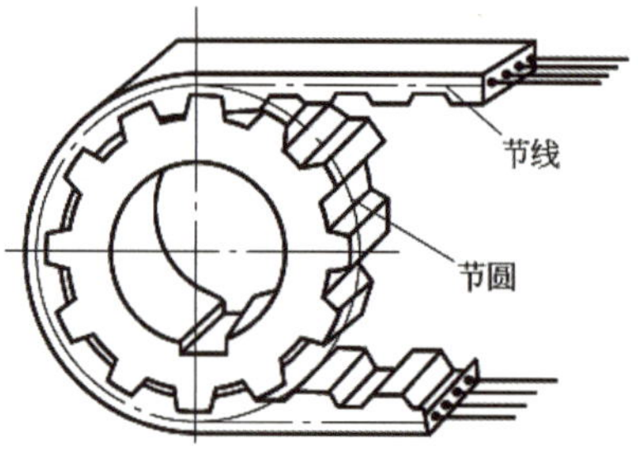

图5-51 同步带传动

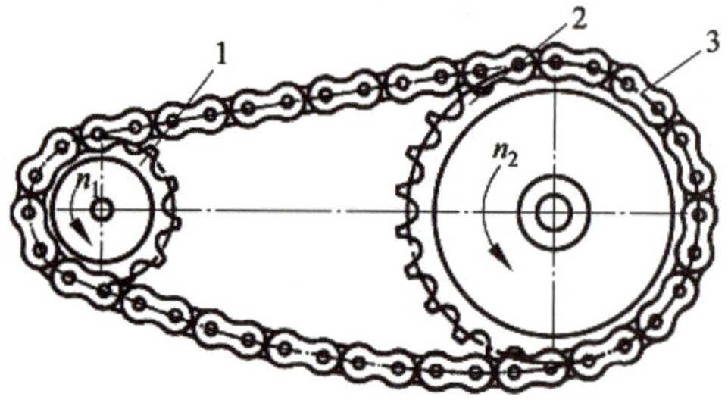

图5-52 链传动

二、往复摆动运动

摆动是机件或物体绕一固定的转动中心往复运动的一种形式，实际上是转动的一部分。靠重力摆动是最简单的一种形式，称单摆运动，如计时钟上摆锤的运动。在机构中常利用摆动完成一些功能动作。摆动可以由多种机构获得，如曲柄摇杆机构、摆动凸轮机构、齿轮齿条机构等。

电风扇的摇头机构是比较典型的往复摆动运动。那么电风扇是如何做到往复摆动的?

如图5-53所示，电风扇的摇头机构原理：当按下按钮后，位于电机后方的蜗轮与蜗杆接触，在蜗杆的带动下转动：在蜗轮、蜗杆传动的带动下，下方的齿轮随之旋转，而与之相连的摇杆又可以在它的带动下在一定角度内进行摆动，由此达到让风扇来回摆头的目的。

电风扇能往复摆动是由于蜗轮、蜗杆传动、齿轮啮合传动以及曲柄摇杆机构共同作用的结果。下面对这三个机构分别讲解。

（1）蜗轮、蜗杆结构：常用来传递两交错轴之间的运动和动力。蜗轮与蜗杆在其中间平面内相当于齿轮与齿条，蜗杆又与螺杆形状相似。

（2）齿轮啮合传动：齿轮传动是利用两齿轮的轮齿相互啮合传递动力和运动的机械传动。具有结构紧凑、效率高、寿命长等特点。

（3）曲柄摇杆机构：具有一个曲柄和一个摇杆的铰链四杆机构称为曲柄摇杆机构。通常，曲柄为主动件且等速转动，而摇杆为从动件进行变速往返摆动，连杆进行平面复合运动。曲柄摇杆机构中也有用摇杆作为主动构件的，摇杆的往复摆动转换成曲柄的转动。

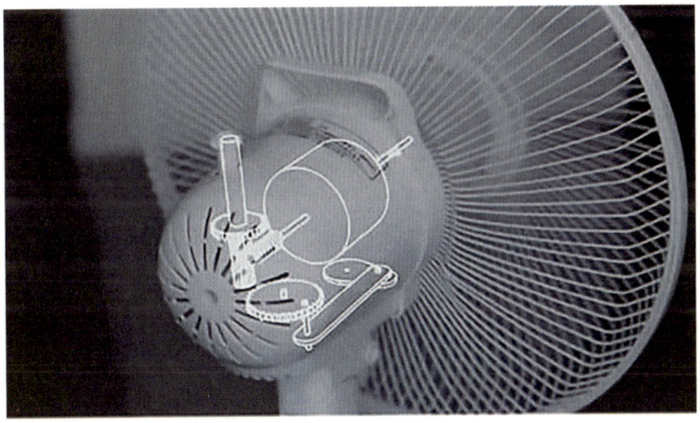

图5-53　电风扇的摇头机构原理

第七节　间歇运动机构及设计

在机器和仪表中，为了传递运动或实现某些运动形式的变换，除了前面介绍的平面连杆机构、凸轮机构和轮系外，还有很多其他类型的机构。本节介绍可以实现机构的间歇运动，间歇运动机构的主要工作部分是主动轮和从动轮，当主动轮连续运转时，从动轮进行时转时停的间歇运动。最常用的间歇运动机构有棘轮机构、槽轮机构等。

间歇运动机构及设计（二维码）

一、棘轮机构

棘轮机构是由棘轮和棘爪组成的一种单向间歇运动机构。棘轮机构的工作特点是将主动摆杆的往复摆动转换为棘轮的单向间歇运动。如图5-54所示，棘轮机构由主动摆杆1、主动棘爪2、棘轮3、止动棘爪4以及机架5等构件组成。当主动摆杆1逆时针摆动时，主动摆杆上铰接的主动棘爪2插入棘轮3的齿内，推动棘轮同向转动一定角度。当主动件1顺时针摆动时，止动棘爪4阻止棘轮反向转动，此时主动棘爪在棘轮的齿背上滑过并落入棘轮3的另一齿内，棘轮静止不动。当主动件连续往复摆动时，棘轮便得到单向的间歇运动。为保证棘爪、止动棘爪工作可靠，常利用弹簧6使其紧压齿面。

1. 按照棘轮机构的结构分类

按照棘轮机构的结构特点，可以把常用的棘轮机构分为轮齿式棘轮机构和摩擦式棘轮机构两大类。

（1）轮齿式棘轮机构。这种棘轮的外缘或内缘上具有刚性轮齿。棘轮机构按啮合方式分类可分为外啮合棘轮机构和内啮合棘轮机构。外啮合棘轮机构（图5-54）的棘爪或楔块均安装在棘轮的外部，加工、安装和维修方便，应用较广。而内啮合棘轮机构的棘爪或楔块均在棘轮内部（图5-55），其特点是结构紧凑，外形尺寸小。

（2）摩擦式棘轮机构。齿式棘轮机构的棘轮转角都是相邻两齿所夹中心角的倍数，即棘轮转角是有级可调的。如果要实现棘轮转角的无级调节，可采用无棘齿的摩擦式棘轮机构（图5-56）。这种机构是通过棘爪和棘轮之间的摩擦力来传递运动的，其中，棘爪起止动作用。

2. 根据棘轮机构的运动情况分类

根据棘轮机构的运动情况可分为三种：单动式棘轮机构、双动式棘轮机构、可变向棘轮机构。其中前两种结构中的棘轮均采用锯齿齿形。

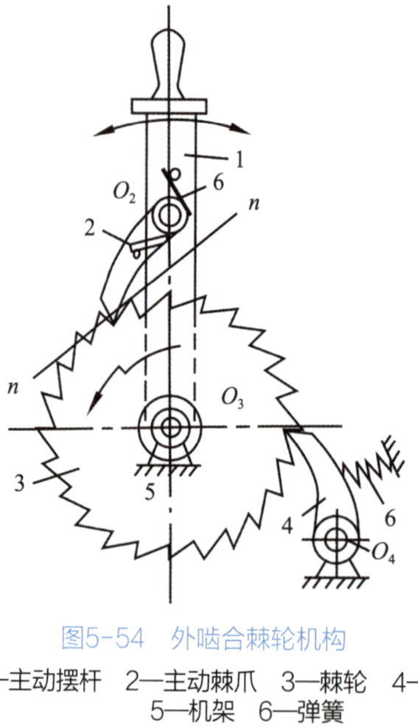

图5-54 外啮合棘轮机构

1—主动摆杆 2—主动棘爪 3—棘轮 4—止动棘爪 5—机架 6—弹簧

图5-55 内啮合棘轮机构

（1）单动式棘轮机构，其运动特点是主动摇杆往复摆动一次，棘轮沿同一方向进行单向间歇转动一次，如图5-57所示。

（2）双动式棘轮机构，其运动特点是装有两个棘爪的主动摇杆进行往复摆动时，可使两个棘爪交替带动棘轮沿同一方向间歇运动。根据棘爪形式的不同，有钩头双动式棘轮机构和直推双动式棘轮机构（图5-58）。

（3）可变向棘轮机构。可变向棘轮机构的实现可以通过棘爪的转动带动棘轮的间歇转动，棘齿可变向转动，使棘轮也能可变向转动。棘轮齿形可采用对称的梯形齿或背面为斜面的矩形齿（图5-59）。

对于以上的机构，如要改变棘轮每次间歇运动的转角，可采用改变主动件（摇杆）摆角大小的方法，还可以在棘轮上加一遮板。变换遮板的位置，可使棘爪行程的一部分在遮板上滑过而不与棘轮的齿接触，从而改变棘轮转角的大小。

3. 棘轮机构的特点和应用

齿式棘轮机构结构简单，棘轮的转角容易实现有级调节。但这种机构在回程时，棘爪在棘轮齿背上滑过有噪声；在运动开始和终止时，速度骤变会产生冲击，传动平稳性较差，棘轮齿易磨损，故常用于低速、轻载等场合实现间歇运动，如提升重物、

（a）外接摩擦式棘轮机构　（b）内接摩擦式棘轮机构　（c）滚子内接摩擦式棘轮机构

图5-56　无棘齿的摩擦式棘轮机构

图5-57　单动式棘轮机构

图5-58　直推双动式棘轮机构

（a）梯形齿可变向棘轮机构　　（b）矩形齿可变向棘轮机构

图5-59　可变向棘轮机构

图5-60　棘轮机构的应用

牛头刨床（图5-60）等。摩擦式棘轮机构传递运动较平稳、无噪声，棘轮的转角可进行无级调节，但运动准确性差，不宜用于运动精度要求高的场合。

二、槽轮机构的组成和工作原理

槽轮机构是由主动拨盘、从动槽轮、机架组成，如图5-61所示。工作时，由带有圆柱销的主动拨盘和具有径向槽的从动槽轮完成。当主动拨盘顺时针进行等速连续回转，且其上圆柱销未进入槽轮的径向槽时，槽轮的内凹锁止弧被拨盘外凸锁止弧锁住，则槽轮静止不动；当圆柱销开始进入槽轮的径向槽时，槽轮的内凹锁止弧和拨盘外凸锁止弧脱开，圆柱销驱动槽轮沿逆时针方向转动；当圆柱销开始脱出槽轮径向槽时，槽轮的另一内凹锁止弧又被锁住，致使槽轮静止不动，直到圆柱销再次进入槽轮的另一径向槽时，重复以上运动循环，从而实现从动槽轮的单向间歇转动。

1. 槽轮机构的类型和应用

根据槽轮机构中槽轮和拨盘的轴之间的关系，槽轮机构可分为平面槽轮机构和空间槽轮机构。

平面槽轮机构按槽轮和拨盘的位置关系，可分为外槽轮机构（图5-61）和内槽轮机构（图5-62）。外槽轮机构在工作时，槽轮和拨盘的转动方向相反；内槽轮机构在工作时，槽轮和拨盘的转动方向相同。

2. 槽轮机构的特点及应用

槽轮机构的特点是结构简单、工作可靠、机械效率高，能较平稳、间歇地进行转位。但因圆柱销突然进入与脱离径向槽，传动存在柔性冲击，不适用于高速场合。此外，槽轮的转角不可调节，故只能用于定转角的间歇运动机构中。若想改变槽轮的转动速度，可通过增加拨盘及槽轮的槽数来实现。但槽轮机构运动过程中所产生的冲击随槽数的减少而增大，故槽数不宜取得太少。为保证槽轮的强度，常取3～8个。

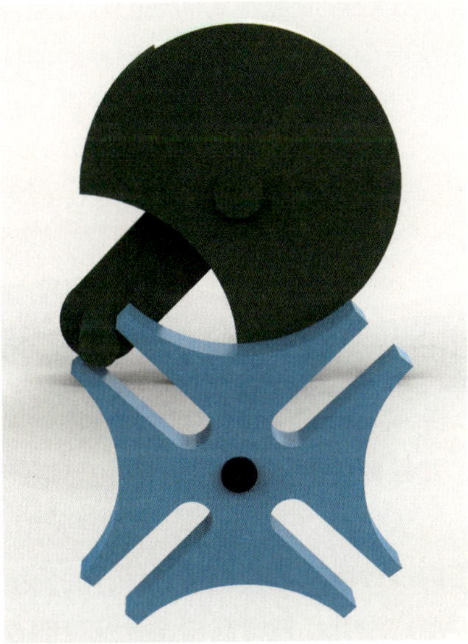

图5-61　外槽轮机构

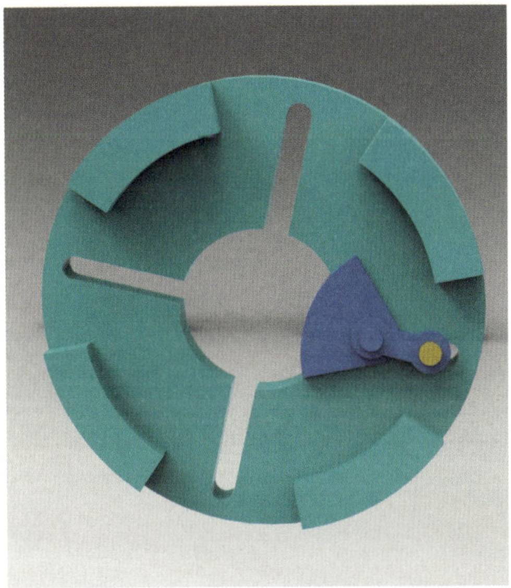

图5-62　内槽轮机构

平面连杆机构、凸轮机构、轮系以及本节介绍的棘轮机构、槽轮机构等是机械中最基本的传动机构。采用单一的基本机构，常因其固有的运动局限性，而不能满足生产中各种各样的要求，如要求从动件进行具有复杂运动规律的整周转动或要求实现任意形状的轨迹等。为此，常将各种基本机构以一定方式组合成各种形式的组合机构。

思政与思考题

1. 任选有结构的产品进行分析，分析其组成、结构及工作原理。
2. 熟悉各机构的工作原理，并能运用在设计中。
3. 请结合中国传统文化中的“天人合一”思想，思考如何在产品设计中实现人与自然的和谐共生。

第六章

产品结构设计与设计创新

6

有人在著作中把产品形态归纳为构筑型和塑造型两种类型。所谓“构筑型”，是指在三度空间方向展开其构成部分的产品形态，有较多的、不同材料制成的零件在三度空间方向上装配组合而成，零件间的组合方式必须严格遵循自然法则，即遵照力学的逻辑呈现较强的稳定性。塑造型是指通过制坯、烧结、铸造、注塑等成型方式而成的较为整体的形态。相对于塑造型产品，结构设计更多地体现在构筑型产品上，如手动工具、家具、灯具、车辆等。

第一节　结构设计的特点

工业设计作为一门学科，于20世纪20年代正式确立，其诞生于现代化工业的批量生产及商品竞争日益激烈的社会背景之下。由于工业设计对象产品的复杂性、多重性，决定了工业设计的内涵与理念也必然呈现出有别于其他学科的特点。作为艺术与技术结合体的工业设计，自身就具有理性与感性的双重性。就其理性的一面，人们以科学研究的方法提出并总结了设计方法、设计程序等，以此来指导设计。

在工业设计中，结构设计是非常重要的一个环节。结构设计是将原理方案结构化，即确定产品结构中构件的材料、形状、尺寸、加工工艺和装配方法等。因此，结构设计涉及的问题具体而复杂。一般来说，在一个具体的构筑型产品设计中，80%的时间花在结构设计上。产品的结构设计主要包括外观结构设计、外观手板制作、产品内部结构设计等。

一般来说，在进行外观建模之前先进行产品外观图的制作及确认，产品结构工程师根据设计要求来完成三维外形图的制作，然后根据三维外形图来制作外观手板，外观手板的主要作用就是确认产品外观的可行性，如果对外观要求不高的，也可以不做外观手板。

产品内部结构设计包括前壳结构设计、底壳结构设计、装饰件结构设计、按键结构设计及其他零件的结构设计等，要求结构工程师按时并细致完成，不可马虎了事。如果结构设计不好或者时间太长，都会影响整个产品的开发进度，甚至造成项目中止、模具报废等严重后果。

一、结构设计的理念

工业设计毕竟不是一般意义上的科学，设计不能依托诸如定理、公式来实施。设计的感性一面决定了它的不确定性、人为性与偶然性，是设计师设计理念的传达与体现。在工业设计的实际操作中，设计理念及设计指导思想尤为重要，它可以引导设计者有方向性、目的性、前瞻性地面对设计，进而展开设计。

实践性设计与概念性设计是设计中的两个重要的设计理念。作为设计理念中两种不同的指导思想，实践性设计与概念性设计分别从不同的角度诠释了设计理念，揭示了设计内涵。作为一种设计理念与设计方式，在具体的生产实践领域中具有行之有效、可操作性强的积极作用。

1. 实践性设计

（1）实践性设计是一种实践性很强的设计方式，它强调的是设计中的理性与科学性。在设计中，实践性设计强调设计的科学性、可操作性、可生产性，及市场的可行性，即设计的产品必须能够生产出来，能够卖得出去。它往往以产品原有的造型、功能为基础，以现有的生产技术为支撑，探究的是产品现有或新增功能的合理性、优化性，它沿用的是发现问题、分析问题、解决问题的科学研究的方式、方法，从十分理性的角度面对设计、展开设计。

1952年，捷克工业艺术学院雕塑家、工业设计师兹德涅克·克瓦尔（Zdenek Kovar）设计了一款剪刀，该设计引发了一场设计观念的变革。他运用了20世纪50年代发展起来的人机工程学原理，将有关人手的尺度及使用频率等相关理论运用于剪刀设计，确立了剪刀设计的原型，进而为世人所效仿、应用。德国乌尔姆造型学院的迪特·拉姆斯（Dieter Rams）极力倡导的良好造型设计理念，淡化了设计中的偶然与随意成分，追求的是理性设计道路，即实践性设计方式。这种科学而严谨的设计理念造就了德国设计冷峻、理智的面孔，许多诸如布劳恩这样的世界知名的大公司采纳并将这一设计理念实际应用于生产中，取得的成就令世人瞩目，一举奠定了德国设计在世界上的重要地位。

（2）实践性设计能够使产品的造型风格与特色得到特定意义的延续与发展，保证了产品的更新、换代具有一定的承接性、继承性。实践性设计的前提是基于对现有产品的认知、使用习惯及大众群体针对产品从其本能和个人的文化背景、民族等诸多因素出发的期望值（期望它的造型、色彩、功能等），这些因素使得设计从起初面对的便是新产品造型与人群对于该产品的习惯认知间的冲突，如新功能与原有功能如何结合、现有生产设备与技术条件等种种因素、问题。如此多的内在与外在因素使得设计更多是一种外科手术式的调整、重组、整合、优化的过程，是一种基于现有生产技术条件下的原有造型风格、固有观念与新设计思想之间碰撞、冲突的过程。其中，产品原有的造型风格与特色必然得到特定意义上的保留与体现，是秉承以往设计理念的积极意义上的延续与发展。

英国的劳斯莱斯房车，其作为一款顶级房车，是上流社会身份与地位的象征，融入其中的技术含量随着时代、技术的进步而不断得到更新、完善，但汽车的整体造型风格与设计理念却得到了倍加用心的保留，汽车的前水箱冷却罩方正、大气、冷峻，秩序感十足的造型及上方的小天使形象一直保留到今天，形成的便是人们认同的劳斯莱斯作为顶级房车的印象。德国的奔驰、宝马等汽车都在不同程度上沿用着此种设计理念。新设计思想的体现是在原有造型风格的基础上展现的，表层上是商家通过其品牌效应，保证了良好的经济效益，深一层便是商家善于利用大众对于品牌形象的认知心理，降低了设计的风险性。该种做法在保持产品原有风格与特色的前提下，又为其注入了新鲜血液，使其原有的设计理念得到延续与发展，产品的更新与换代有了贯穿其中的共同理念要素。

（3）实践性设计能够唤起设计师对生产技术的认识与重视，扩展对现有产品造型、功能的认知深度，提高设计的科学性、准确性、实用性，使设计师更明晰产品的造型、功能，不仅与人们的认知、使用习惯密切相关，同时也与现有的生产加工技术存在着不可分割的关系。生产加工技术是产品新造型、新功能得以实施的物质基础与保障，是现实设计中必须面临、解决的主要问题。倘若设计师没有起码的生产技术常识与认知心理，出现的设计极有可能是建筑在沙丘之上，无法谈付诸实施。

1949年，有史以来设计得最漂亮的飞机之一，世界首架喷气客机哈维兰彗星号（De Havilland Comet）试飞。当时，它的造型设计似乎无懈可击，但后来发生的事情却让人意外，这种漂亮的飞机几次发生飞行事故。调查发现，客机的窗孔呈四方形，方形的直角转角处会聚积大的应力，引发裂纹，易导致空难。这里讨论的并非是否应由设计师来承担全部责任，但至少应该引起设计师的警惕，加强自身的生产技术知识，提高设计的可行性与科学性。实践性设计的特殊性与前提是要求设计师对产品现有的造型、功能及其加工技术有一个全面认识，同时设计师必须考虑如何将新设计与现有的造型、功能、生产技术等相结合。实践性设计的前提及实施办法决定了该种设计必然把生产技术作为设计的一个重要环节加以认知与体会，客观上使设计得以应用实施，主观上也造就了设计师的全方位设计思想。

（4）实践性设计中，产品原有的造型风格与功能特色在被借鉴、发展的同时，也无形中禁锢了设计师的设计思维和新设计理念的迸发，极容易出现只做表面文章，隔靴搔痒的设计，未能有效触及实质人类理性思维的有限性、局限性，会导致设计师对技术和约定俗成的事物在利用和控制上的失当，容易为其左右。实践性设计的前提是以产品原始、现有的造型风格为基础展开，实际功能性的事物往往是新设计的制约条件。大众人群包括设计师自身都会本能地带着对现有产品的认知、使用习惯及对产品新赋予功能的理解与期望心理去面对设计，对该类型产品的感观认识所打下的烙印将或多或少地束缚着新设计思维、理念的出现。这种对待事物的习惯认知心理、惯性，经常是实践性设计无法冲破的樊笼与障碍。如此出现的设计必然是一些“亲兄弟姊妹”，是无个性设计产生的原因之一。

布劳恩公司设计的电吹风，原本是个成功案例，枪一般的造型，有充分的人机工程学、习惯心理的理性分析作基础。但可怕的是，其设计风格被无数次抄袭，到了令人发指的程度。在信息化发展的今天，人们呼唤个性化设计，不愿看到的是撕掉标签便无法得知其姓名的同一化产品，这与原本有着绚丽的色彩、造型，变化万千的大自然不和谐，也与有着丰富情感世界与思想的人类自身背道而驰。

（5）就设计师自身而言，实践性设计的理性、严谨性往往使设计师的感性与灵感受到抑制，有一种无法跳出与超越现实框架的无奈与烦恼。正如迪尔诺特（Dilnot）在《超越“科学”和“反科学”的设计哲理》中说，设计是一种社会文化活动，它具有双重性：一方面，设计是独创性的，类似于感性的艺术活动；另一方面，它又是条理性的，类似于理性的科学活动。设计的这种双重特点决定了设计师的设计思维不可能，也不应该光有理性的一面。而实践性设计中理性的一面却束缚着设计师思维的感性勃发，诸如原有造型风格、功能特点、生产技术等凌乱的事物围绕与困扰着设计师，致使设计思路阻滞，徘徊不前，影响设计师对设计的敏锐认识与洞察力。灵感的火花被一个个固有的概念、观念无情熄灭，就形式论形式，就功能论功能的设计是其必然结果。设计师迷失在原有产品的思想迷宫里，就无法从本质上认识产品、认识设计、体会设计。

2. 概念性设计

概念性设计作为设计的另一种理念、方式与形式，无论在设计理念内涵上，还是在设计的具体实施上，均有着自身独特的一面。

（1）概念性设计中，设计的物化形式。其更多是体现设计师设计思想的传达与表现，设计的结果经常可以引导一种新的生存方式与生活习惯。

正如乔尼斯在《设计方法纵观》中说，设计是表达一种精粹信念的活动。设计活动中有两个主体：一个是用户（客户）；另一个是设计师。无论设计职业化和设计分工如何发展，设计是由设计师完成的，丰富的设计个性风格和表达方式同样是设计的灵魂。设计师的理性分析能力所提供的创意土壤、灵感与思想，才是设计的种子。

概念性设计是以体现思想、理念、观念为前提的设计活动，是针对一定的物质技术条件，尤其是人自身心理提出的一种设计方式与理念。其物化结果可能不为我们所常见、熟知，但却极有可能使我们为之一振。因为它强调的是思想与理念的形成与表达，所建立的是一种全新的生活习惯、生存方式，是对传统的、固有的某种习以为常却不尽合理的方式与方法的重新解释与探讨，关心的是人而不是物，是人本主义在设计领域的一种诠释。概念性设计对问题与理念的提出往往不是确定性的、具体的，而常常是抽象化的、概括性的，是对一种方式、认知、思想的体会与校验，带有某种研究、假定、推敲、探讨性质的态度。

（2）概念性设计是设计个性化、特色化、差异化的思想基础与指导方法。在信息化的后工业社会里，人类渐渐迷失于自己营造的纷繁复杂的社会当中。忧患意识与生存危机，重视自身生存的意义，自我的空间、自我思想的体现，这一切都在呼唤、强调个体的存在价值。尤其在物质极为丰富的今天，面对琳琅满目的产品，人们在欢悦于选择空间广阔的同时，更热切地期盼体现自身与自我存在的个性化产品的出现。

概念性设计能够挖掘设计师内在的潜意识，使其能深层次地、从人自身的角度出发面对事物、理解事物、解读生活、解读人，开拓、历练自己的设计思维，使个性化的理念与思考方法得以形成、完善。由于设计师个体综合素质与文化背景的不同，体现在设计上的差异也就是自然而然的事了。其结果必然是我们眼前姿态万千、造型迥异的产品与丰富多彩的生活。

每年都有各种不同规格、不同地点、不同主题的汽车展览活动，每个汽车厂家带给我们的不只是现有产品的风采，也有许多未来、概念性的设计。它不仅向我们展现着公司的综合实力，也向世人展示自己潜在的、不同于其他的个性化理念，及对汽车未来发展的独特视角与理解。人们喜爱维纳尔·潘顿（Verner Panton）、安恩·雅各布森（Arne Jacobsen）、路易吉·克拉尼（Luigi Colani）的作品，钟情于阿莱西、曼菲斯创造的缤纷世界，这正是概念化设计所形成的个性化带给我们的一切。概念设计使设计师的个性得以施展，设计师用他们独特的视角去诠释生活、解读生活，也如一面镜子，使我们方知周围的世界竟会如此美丽多姿，感知我们的存在。

（3）概念性设计与生产技术间存在着一定的互动关系，对生产技术具有积极的反作用与策动作用。

概念性设计不能脱离一定的生产技术而凭空捏造、想当然，它是建立在对生产技术一定认知的前提下。一定程度的生产技术是科学进步的反映，也是人类综合文明程度的体现。而一定的文明程度、文化背景必然会对生存于其中的人及其思想产生潜移默化的影响，概念性设计是设计师一种思想的体现，受生产技术的制约也就在情理之中。但设计毕竟不能等同于科学。正如麦克·佩奇（Mike Page）曾说，设计是客观现实向未来可能富有想象力的跨越。概念性设计以我们的思想、理念，去探讨、研究世界，研究者和研究对象之间是浑然一体的。同时，概念性设计所要建立的是一种新的、合理的生存方式、生活习惯，客观上使得它又可以引导科学技术向哪一个方向发展，在某种程度上为科学技术的发展在茫茫大海之中树立了一座灯塔，对科学技术具有一定的前瞻、展望与策动作用。文艺复兴时期，达·芬奇基于对鸟类飞行原理的科学研究，设计、构想了一件使人也能飞向蓝天的器具。

如果称其为概念设计的话，随着人类社会的发展，文明的进步，19世纪，莱特兄弟终于利用当时的科学技术实现了这一设计。而莱特兄弟的飞行器的设计草稿又与达·芬奇的手稿惊人地相似。可以说是达·芬奇的飞行器概念设计在某种程度上策动、引导了科学技术的发展，特别是航空动力学的发展，并终于使概念得以实现。今天，在科技不断进步的大背景下，我们的一些概念设计转化为现实的脚步正变得紧促，时间周期在趋于缩短，电子宠物、无污染汽车，这在不久以前还只是一个概念设计、一种思想，如今却真真切切地发生在我们身旁，这便是概念设计的魅力所在。

（4）概念性设计，作为设计师的设计思想与理念的体现，必然受到设计师自身思想局限性的束缚与限制。人的思想与理念是社会政治、经济、文化等外界因素在人内心的综合反应，设计师也不例外。设计师的设计思维经常面对着自身综合素质、修养、民族、地域等外界条件的制约，这些因素对设计理念既有激发、推动的一面，也有束缚、限制的一面，再加上设计者自身的思想倾向性，很可能使设计走向偏颇，甚至步入极端。致使许多设计出现了只此一件的尴尬境遇，列入了博物馆中。但这并不妨碍设计师概念与思想的表达和对设计、生活及社会的理解，因为对于设计的评价尺度本身就具有一定的相对性、主观性和个别性。

作为两种不同的设计理念、方式、方法，实践性设计与概念性设计反映着设计师对于设计的不同观念与态度，这里面有着主观与客观因素的作用与影响，在此我们并不是要给出谁是谁非的答案与标准，设计本身便不存在绝对的对与错，只有在特定的环境、条件下，才能说哪一种更适合、更贴近、更具意义。

二、结构设计的细节性

结构设计是一种注重细节的设计，细节的差别能决定整个产品在技术、经济性能、质量上的高低。在日常生活中，我们所碰到的产品“质量问题”，大多数不是因为工作原理不合理方面的“大问题”，而是错误的或不合理的细节方面的“小问题”。

1. 实用性、舒适性、审美性

在进行产品细节设计时，应注意产品结构的实用性、舒适性、审美性等方面。

（1）实用性。实用性原则是所有设计的基础，产品的细节设计也应为产品的实用性服务。因此，在产品细节设计中，首先要考虑它是否能满足实用性原则，这样才能实现其价值。脱离产品实用性的任何细节设计都是多余的。对于产品细节设计而言，其应当以产品实用性为基础，进一步细化及延伸，提升产品的实用性，从而使其与消费者需求相符合。

（2）舒适性。在设计过程中，确保产品舒适度的最大化，能使我们的产品设计更加人性化。因此，在产品细节设计的过程中，应当重视舒适性原则，综合考虑产品颜色、材料、结构与性能等方面，确保产品的舒适性，使产品设计更符合人机工程学。

（3）审美性。设计的审美性始终贯穿产品本身，并支撑着产品的发展，是必不可少的一部分。由于当前产品越来越表现出同质化特点，在对产品进行选择的过程中，很多消费者越来越注重产品的审美特点，也就是通过产品外观选择产品。在现代产品设计的过程中，若在外观设计方面缺乏审美性，则会在很大程度上降低对消费者的吸引力。因此，产品设计人员应当从各个方面入手对产品进行细节设计，从而使消费者的现代化审美需求得到最大限度的满足，增强产品的艺术魅力。

2. 细节设计

产品细节设计具体表现在外观细节设计、色彩细节设计、结构细节设计、材质细节设计等方面。

（1）外观细节设计。产品外观是传递产品信息的第一要素。在产品各个方面的因素中，外观是十分重要的，这是由于产品外观是产品给消费者的第一印象。因此，在产品实际设计的过程中，设计人员应当充分重视产品外观设计，并且应当积极突出产品外观细节，从而使产品设计与现代审美需求更加符合。对于产品外观细节设计而言，其可以从以下两个方面入手：其一，应当注重个性化特点，在保证外观设计较独特的基础上，才能够更好地吸引消费者，才能够增强消费者的购买欲；其二，应当保证与整体设计相统一、协调，这样才能够使产品给消费者留下较好的印象，对产品良好形象的塑造十分有利。

（2）色彩细节设计。在产品设计的过程中，色彩设计占据重要地位，这主要是由于对于任何形态的艺术而言，其均需通过色彩元素展示。康定斯基认为色彩具有十分强大的力量，这种力量虽然只有小部分人能够感知，然而却会对人体产生全面影响。所以，在产品细节设计过程中，色彩设计属于关键内容，然而在色彩设计过程中应当注意遵循一定的规律和原则，不可随意使用，这样才能使色彩的功能最大化。

（3）结构细节设计。产品外观能够体现出产品整体的艺术性，而产品结构可体现出产品的技术性，其主要就是通过工艺、材料和机械等相关方面因素使产品的技术美得以充分体现。各个不同零件之间相互衔接，在产品细节设计过程中，加工工艺处理和应用等相关结构设计均是具体表现，通过对产品整体进行适当定位，可综合考虑局部结构连接、材料使用和形态处理等方面，从而使产品结构美能够得以充分体现。

（4）材质细节设计。在产品设计过程中，材料属于重要载体，使用材料的不同，其体现出的质感魅力也存在较大差异。就细节设计而言，因运用材料的不同，产生的视觉效果也会有所不同。高新技术的不断发展为产品设计的多样性发展提供了更为广阔的空间。材质自身具备的质感、特性和肌理均具有强大的艺术魅力，将这些材料与细节设计进行充分结合，不但能够使产品的独特性得以更好地体现，而且能够缩短产品与消费者之间的距离，还能够增强产品的人文特点。

在产品设计中，细节设计具有十分重要的意义，是要重点考虑的一项因素和内容。精致的、全面的、独特的细节设计能提升产品的层次，使普通的产品更加独特，使其更容易被广大消费者认可与接受。设计师以人为本的细节设计能够体现其对使用者的体贴与关怀。

三、结构设计的优化

结构设计优化的前提是能构造出大量可供优选的可能性方案，即构造出大的优化求解空间，这也是结构设计最具创造性的地方。大量可供选用的可行性方案并不是凭空想出来的，而是需要用创造性的创新思维方法来系统地、有逻辑地获得。创造性思维方法有多种：特性列举法、输入输出法、形态分析法、触发词法、类比法、移情法、检验表法、智囊团法、结构设计变元法等。下面只简单介绍结构设计变元法（简称“变元法”）。变元法是由德国科学家发明的方法，主要应用于结构图纸的设计，其特点是具有创新性。

使用变元法完成结构设计时，是以完成这种产品的基本结构为前提，再进行其他新型设计思路的研发。变元法的含义主要包括两个方面的内容：一是结构设计方面的变元法；二是针对这部分的变元进行改变，创新性实现不同种类的结构设计。

（1）数量变元。数量变元是指在研究产品中，将结构部分的所有零部件或构件的外形、工作面以及制造过程中的点、线、面等，视为构成零部件的基本元素，对这些基本元素的数据进行修改，完成针对结构件优化的目标。

（2）形状变元。形状变元是指从产品的形状方面对产品结构的外形和重要轮廓、加工表面以及所使用零部件的种类和尺寸进行优化调整，进而得出多种结构的创新设计，从而对整个产品进行优化调整。产品结构设计过程中，这类因素的创新是把产品结构的原理转化为设计图纸的过程。

（3）材料变元。零部件选取多种类型的材料一般会改变这种零件的尺寸，进而生产工艺也会相应变化，以至于改变整体产品的外形和构造，可以针对材料的改变而设计出多种类型的构造方案。

（4）位置变元。位置变元是指按照产品构造位置的改变，实现多种类型设计方案的形成。

（5）连接变元。连接变元是指在设计过程中应该注意的两个方面：一方面，需要确定元素之间连接方法的改变，例如焊接、热熔等常见的连接方法；另一方面，需要对特定连接方式下的不同结构类型进行创新设计，进而得到不同类型的方案。例如，儿童玩具在设计过程中要尽量做到安全连接，可以设计成卡扣结构，这样不容易出现小孩误食螺丝的情况。

（6）尺寸变元。尺寸变元是指高度、宽度、直线度、弯曲度等方面的改变。设计师在针对这些元素进行创新设计时，一般侧重于改变零件的尺寸，达到对产品构件完善的目的。

总之，通过改变构件本身的形态、位置、数量、尺寸、材料、联接方法等，得到尽可能大的设计空间，是结构设计中不可缺少的环节，也是进行结构创新设计和优化设计的重要前提。

第二节　结构设计的基本原则

产品结构设计是针对产品内部结构、机械部分的设计，设计产品要讲究实用性，工业设计产品不仅要讲究美观，还要讲究产品的实用性、耐用性。任何产品都是为解决具体问题而存在，即产品的功能性，这是产品存在的意义，是最重要的产品特性，而外观、结构、界面都是依托于产品功能性而存在的。所以，好的产品一定是好用的、实用的。

产品结构设计师在设计产品时，要遵守产品结构设计原则，即产品结构设计的思路及规则，这些规则会让产品结构设计更合理，无论是什么材质的产品，在设计产品时要遵守的原则包括选用合适的材料、选用合理的结构、尽量简化模具结构和成本控制等。

一、基本原则

1. 合理选用材料

所有产品都是由材料构成的，在设计产品时，首先考虑的就是材料的选用，材料不仅决定了产品的功能，还决定了产品的价格。

（1）根据产品应用场所来选择。不同的应用场所对产品材料需求是不一样的，如果为日常消费类电子产品，产品材料就应选用强度好、表面容易处理、不容易氧化生锈、不容易磨伤、易成型的材料，如塑胶材料选用PC（聚碳酸酯）、ABS（丙烯腈-丁二烯-苯乙烯共聚物）、PC+ABS等，金属材料选用不锈钢、铝、锌合金等；如果应用于食品行业，产品材料就应选用无毒无味、耐低温、耐高温，甚至无添加色的材料，如饮料瓶子选用PET（聚对苯二甲酸乙二醇酯），食品包装袋选用PP（聚丙烯）、PE（聚乙烯）等，饮水用的杯子选用PP、PC等。

（2）根据产品的市场定位来选择。在设计产品之前，产品的市场定位也会对材料的选用产生影响。产品质量分高档、中档及低档，不同档次的产品对应不同的市场。高档的产品在材料选用上优中选优，中档的产品材料性能尚可，低档产品在材料选用上就尽可能降低成本。

如同样是手机产品，一些限量版的高端手机由于价格高，所以在产品材料选用上不惜成本，选用材料时尽可能体现产品的品位。如外壳采用黄金或者碳纤维材料制作。一些中、低端的手机产品，材料选用上就大不一样了，其外壳材料大部分选用PC+ABS，甚至有些低端手机直接选用ABS。

（3）根据产品功能来选择。产品功能不同，材料选用也不一样。有些产品带有运动功能，运动就必定带来磨损，所以，在材料选用上就要考虑耐磨，耐磨材料有很多，如金属材料，或一些塑料材料，如PA（尼龙料）、POM（赛钢料），还有橡胶材料，如天然橡胶等。

（4）根据公司的要求来选择。每个公司都有自己的供应商，包括材料供应商。同一种产品，能满足产品设计要求的材料会有多种，价格也不一样，而选用哪一种材料就要结合公司的实际情况来考虑，最终选用的材料并不一定是最便宜的，但与供应商的沟通配合可能是最好的。

2. 选用合理的结构

产品结构设计不是越复杂越好，相反，在满足产品功能的前提下，结构越简单越好，越简单的结构在模具制作上就越容易，越简单的结构在生产装配上就越轻松，出现的问题也就越少。

结构设计中常用的固定方式有螺丝固定、卡扣固定、双面胶固定、热熔固定、超声波焊接固定等，如何选用这些固定方式呢？一般来说，螺丝固定最可靠且可拆性强，应优先选用；卡扣固定方便简单，但固定可靠性不高，可结合螺丝选用；双面胶固定、热熔固定等应用于特定的场所，必要时选用。

进行产品结构设计时不允许有多余的结构，多余的结构意味着浪费设计时间、增加模具加工难度、浪费材料。在进行产品结构设计时，要做到需要的结构一定要做，可有可无的结构一概不做，做的每一处结构都要有用，包括每一个卡扣、每一条加强筋等。

3. 尽量简化模具结构

产品设计完成后需要模具来成型，在进行产品设计时就要保证产品能通过模具被制造出来，产品结构设计得再可靠，而模具实现不了或者很难实现都是不合格的结构。作为结构工程师，对模具要有一定的了解，要懂得模具的基本结构、产品的成型方法、出模方式等，只有这样才能做到产品设计时尽可能地简化模具结构。

4. 成本控制

成本是产品的核心部分，成本的高低在很大程度上决定了公司的利润，成本控制从产品设计开始阶段就要考虑。产品结构设计时在成本上要做到以下几个方面：

（1）在满足功能的前提下，尽量选用价格低的材料。

（2）在满足外观的前提下，尽量减少零件个数。

（3）尽量简化结构，以节省模具成本。

（4）选用合适的固定方式，以节省生产装配成本。

（5）根据产品定位及外观要求，采用合适的表面处理方法，以节省加工费用。

（6）选择技术强、沟通配合好、价格最优的供应商。供应商技术强，可避免零件制作出现差错而反复修改浪费时间，沟通配合好易于交流，方便开展工作，这样都可以节省成本。

（7）对新产品的开发进度进行有效管控，尽可能缩短项目时间，节省时间也是节省成本。如果项目时间延长不仅会耽误交货期，还要赔偿违约金，得不偿失。

（8）如果公司有库存料件，应尽量选择共用，这也是降低成本的一种方式。

二、结构设计的应用

（1）电热水壶保温杯设计。这款电热水壶保温杯（图6-1）是由亚当·希勒（Adam Hiler）设计的。它虽看起来很小，却有着大大的容量，且只需要将它的盖子取下来就可以当杯子使用了。

（2）电动自行车。电动自行车（图6-2）节能环保，出行效率也是极高的。但随着电动自行车日益增多，其存放问题亟待解决。设计师们在此需求上，将电动自行车

图6-1　电热水壶保温杯

（a）电动自行车折叠状态

（b）电动自行车工作状态

图6-2　电动自行车

设计得越来越便捷。这款电动自行车车体采用的是锂离子电池和碳合金车身，显著减轻了车身重量。为了让这款车便于携带，设计师刻意将它设计成可以折叠的样式，可以用手拉着，就像拉着旅行箱一样方便轻巧。为了让驾驶员可以更舒适地驾驶，车把采用的是符合人机工程学的斜坡式设计；车座后面配备的靠背，让驾驶员在驾驶时获得了更高的舒适性。

第三节　结构设计的强度原则

在设计产品时，构件设计要保证足够的强度和刚度。当构件丧失工作能力或达不到设计要求时，称为"失效"。常见的失效形式有：因强度不足而断裂，产生过大的弹性变形或塑性变形、过度磨损等。为保证构件的性能，可通过计算保证其有足够的强度与刚度。但并不是所有的构件都需要计算才能确定它的尺寸结构，许多构件可以通过类比或经验来确定。良好的构件设计可以减少载荷引起的应力和变形量，提高结构的承载能力。为使设计的结构满足强度，可以遵从以下五项原则。

1. 载荷分担原则

如果同一零件上同时承担了多种载荷的作用，则可考虑将这些载荷分别由不同的零件来承担。即采取一定的结构形式，将载荷分给两个或多个零件来承担，从而减轻单个零件的载荷，这就是"载荷分担原则"。这样有利于提高机械结构的承载能力。

2. 均匀受载原则（载荷均布原则）

在确定工作载荷大小的情况下，可以考虑通过在结构上均匀分布载荷的方法，来提高结构承载能力。尽量避免集中载荷，尽可能地将载荷分散到结构上，这就是"载荷均布原则"。

3. 附加力自平衡原则（载荷平衡原则）

在力的传递过程中，一些机械结构常常不可避免地出现不做功的附加力，例如，斜齿轮啮合的轴向力、产生摩擦力的正压力、往复和旋转运动的惯性力、流体机械叶片上压力差引起的轴向力等，这些对结构功能毫无作用的附加力，加大了结构的负载，降低了机械结构的承载能力。如果使其在同一零件内与其他同类载荷构成平衡力系，则其他零件不受这些载荷的影响，这有利于提高结构的承载能力，这就是“载荷平衡原则”。力自平衡措施主要有引入平衡件和对称安装两种。

在高速回转的机械中，必须靠结构的措施及动平衡的方法使旋转惯性力降低到允许的大小，这就要求回转件的质量要尽量相对于回转中心呈对称分布。可通过对回转件在动平衡机上做动平衡实验，测出并消除超出允许值的不平衡质量。

做往复运动的机械，如连杆机构，也可在设计中采取结构措施和动平衡的方法，使其在运转时产生尽可能小的惯性力。

4. 减小应力集中原则

应力集中是影响结构在交变应力作用下承载能力的重要因素，结构设计中应设法缓解应力集中的影响。在应力集中的部位，零件的疲劳强度将显著降低。最大应力比该截面上的平均应力可以大2～5倍。应力集中与零件的局部变化形式有关。降低应力集中程度可以提高零件的疲劳强度，同时需要注意避免多个应力集中源叠加。

5. 提高刚度原则

在进行结构设计时，在不增加零件质量的前提下，要尽量提高零件结构的刚度。对于不同类型的零件，应根据其结构特点采用相应的措施。但总的来说要注意以下几点：

（1）用受压、拉零件替代受弯曲零件。

（2）合理布置受弯曲零件支承。

（3）合理设计受弯曲零件的截面形状。

（4）合理采用筋板，尽可能使筋板受压。

（5）采用预变形方法。

除此之外，保证产品结构的强度原则还有变形强度原则、等强度原则等。遵从上述原则，可以保证产品结构设计的强度和刚度，保证在产品使用过程中不会发生失效。

第四节　结构设计的变异创新

结构设计是机械设计实体化过程中最为重要的一个环节。由于机械设计是以实体为表达形式的，所以机械设计与软件设计不同，它的最终表现形式决定了它必须对结构给以充分的考虑。实体的表达必然涉及以下几点：

（1）表现实体的质——材料。

（2）表现实体的魂——机械机构的构思。

（3）涉及实体的骨架——结构。

在基本的设计思想被确定以后，结构设计将是满足总体功能设计要求的最终保证。所有的设计结果都不是凭空产生的，它必然有一定的基础。所以，结构创新都是以现存的可用结构为基础的，而变异则是其最为基本的创新方式。

创造性思维在结构设计中的重要应用之一就是结构方案的变异设计方法。变异创新，即从一个已知的结构方案出发，通过改变属性得到许多新的方案；然后对这些方案中的参数进行优化得到多个局部的最优解；再通过对这些局部解的分析，得到结构的较优解，从而实现结构创新设计。通过变异设计得到的方案越多、覆盖的范围越广泛，得到最优解的可能性就越大。

变异设计的基本方法是首先通过对结构设计方案的分析，得出一般结构设计方案中所包含的技术要素的构成，然后分析每一个技术要素的取值范围，通过对这些技术要素在各自的取值范围内的充分组合，就可以得到足够多的独立的结构设计方案。

变异设计的目的是为设计提供大量的可供选择的设计方案，使设计者可以在其中进行评价、比较和选择，并进行参数优化。

结构的变异是以与结构设计密切相关的几个方面为基础的，如材料、形状等；而每一种基本的变异又有多个考虑点。除此之外，实施变异的初始出发点可能有所不同：有可能是为了实现某种新功能、为了使操作更为便利、为了使操作者不容易犯错等。但根据创新活动的基本目标，所有的变异最终都是为了提高产品的理想度。下面将对几种常用的结构创新方法进行简单介绍。

一、形态变异

形态是工业产品设计中的一个重要因素，是产品外观与功能的中介，没有形态的中介作用，产品的功能就无法实现。产品的构成包括功能、结构、人因、形态、工艺、色彩及环境要素等，所有这些要素是一个相辅相成的统一整体。形态还可以利用人特有的感知力，通过类比、隐喻、象征等手法描述产品、诠释设计。形态变异就是通过改变构件的轮廓、形状、类型和规格，从而得到不同的创新方案。

纵观各种各样的产品形态，我们不难发现，无论它们的复杂程度如何，构成这些产品的基本形态大多属于抽象的几何形态和仿生模拟形态。这也说明几何形造型和仿生模拟造型是产品形态构成的两种最基本的方法。

1. 几何形造型

由于几何形体大多具有单纯、统一的美感要素，因而在设计中常被用于产品形态的原型，但未经改变或设计的几何形态往往显得过于单调或生硬，因此，在几何形体的造型过程中，设计师需要根据产品的具体要求，对一些原始的几何形态进行变化和改进，如对原型进行切割、组合、变异、综合等，以获取新的立体几何形态。这一新的立体几何形态就是产品形态的雏形。在这一形态的基础上，设计师通过对形态的深化和细部设计，便能最终获得较为理想的产品立体形态。

如图6-3所示的手表，表圈是由四边形和五边形组成，相比以往接近圆滑的表盘，其经过几何结构的变异之后，给人一种立体感。

2. 仿生模拟造型

大自然是人类创新的源泉，人类最早的一些造物活动都是以自然界的生物体为蓝本的。通过对某种生物结构和形态的模仿，可以达到创新的物质形式的目的。然而仿生与模拟造型设计绝不是自然生物体的简单模仿，相反，仿生设计是在深刻理解自然物的基础上，在美学原理和造型原则作用下的一种具有高度创造性的思维活动，在运用仿生与模拟的造型方法进行形态创意时，必须根据所要设计的产品内容展开构思，如果忽视了产品的基本使用要求、用户特征，以及材料、生产技术等成型因素，则有可能设计出来的形态仅停留在图纸上而不能实现生产。

如图6-4所示，日本设计师佐藤大设计的一系列无线电脑鼠标，其均带有一个形

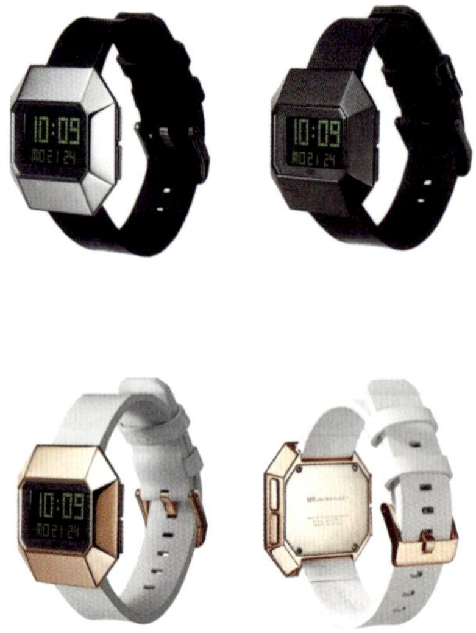

图6-3　几何结构手表

图6-4　仿生无线电脑鼠标

状像动物尾巴的USB接收器，设备看起来像一只小宠物。只需将 USB 尾部连接电脑即可使用，它的仿生模型包括猪、狐狸、犬、海豚、猫、松鼠、变色龙和兔子等。

二、连接变异

连接结构问题是产品设计中一个重要的问题。构成产品的各个功能部件需要以各种方式连接固定在一起形成整体，以完成产品的设计功能。满足外观造型设计的产品外壳，通常也是由底盖、主体框架等部件组成，需要连接固定形成一个整体。

连接变异有两层含义：一是连接方式的变化，如螺纹连接、焊接、铆接、胶接；二是对于每一种连接方式采用不同的连接结构。

三、材料的变异

材料的变异是结构创新中常用的方法，与发明原理有着多方位的联系。在设计中，材料选择的改变不但与性能要求有关，也与加工方式的选择有关，比如将锻钢改换为铸钢时，就意味着需要采用铸造工艺来获取毛坯；将金属材料改变为塑料时，可能意味着零件将采用塑料模进行生产。除此以外，材料的选择也与结构形状的具体设计有关。

四、功能表面的变异

产品结构的功能主要是靠零部件的几何形状及各个零部件之间的相对位置关系实现的。零件的几何形状由它的表面所构成，一个零件通常有多个表面，而与其他零部件相接触的表面，及与工作介质或被加工物体相接触的表面称为功能表面。

零件的功能表面是决定产品功能的重要因素，功能表面的设计是零部件设计的核心问题。通过对功能表面的变异设计，可以得到为实现同一技术功能的多种结构方案。

描述功能表面的主要几何参数有表面的形状、尺寸大小、表面数量、位置、顺序等。通过对这几个方面的变异，可以得到多组构型方案。

除此之外，通过改变构件的尺寸可以显著改变产品的结构性能。尺寸变异包括长度、距离和角度等参数的变化。根据不同的结构，选择相应的结构制造工艺，最终可以改变构件和产品的制造成本、质量与性能，从而形成工艺变异。

第五节　结构创新的组合原理

创新一般分为两种类型：一种是发明或发现创新的技术，称为突破性创新；另一种（也是绝大部分）是采用已有的知识或技术进行重组，称为组合性创新。有人分析了1900年以来的480项重大创新成果，发现技术创新的性质和方式在20世纪50年代发生了重大变化，原理突破型创新成果的比例开始明显降低，而组合型创新成为主要方式。据统计，在现代技术开发中，组合型创新成果已占全部发明的60%～70%。组合型创新相对于突破型创新更容易实现，是一种成功率较高的创新方法。

组合型创新法就是将两个或多个要素、手段、原理、产品，或几个各自独立的发明等结合成一体，往往会产生新的发明（如新材料、新工艺、新产品、新设备）的一种创造技法。组合型创新法按组合方式分，主要有功能组合、形态组合、材料组合等四类。

一、功能组合

功能组合创新是指将已有的多种成熟技术或者现有产品的功能进行适当组合，形成新的创新产品，从而实现产品功能的多样化，满足用户在更多应用场景中的需求。

1. 同类功能组合创新

功能组合创新一般有多种方式，按组合在一起的功能的差异来分类，最常见的一种是同类功能组合创新，其基本原理是在保持产品原有功能或原有意义的前提下，通过数量的增加，来弥补功能的不足，或获取新的功能、产生新的意义，而这种新功能或新意义，是原有产品功能单独存在时所缺乏的。

如图6-5所示的产品是葱花剪，它就是采用了相同功能组合的创新原理，将几组剪刀片组合起来，在使用时，可以显著提高制作葱花的效率，它发挥出来的功能作用是一把剪刀所不能相比的。

同类功能组合创新并不仅是对原有功能部件做简单的复制，还可以在复制时，对增加的功能进行改变，获取新的功能，产生新的意义和价值。对于智能手机这样同质化竞争激烈的产品，简单的一个功能组合创新就能使产品化腐朽为神奇。

2. 相关功能组合创新

相关功能组合创新，虽然组合在一起的几种功能不尽相同，但是它们之间有一定

图6-5　相同功能组合的葱花剪

的相关性——都是基于将同一个功能发生对象有机组合起来。

相关功能组合创新最为经典的案例就是瑞士军刀。一把小小的瑞士军刀集成了大刀片、小刀片、锥子、螺丝刀、罐头起子，甚至还有小镊子和牙签，几乎可以满足家里和户外各种工具使用需求。

在我们的生活中也经常看到使用这种创新手法的产品。例如，雾霾中的PM2.5细颗粒物对人体危害最大，PM2.5细颗粒物在大气中停留时间长、输送距离远，并且含有大量有毒、有害物质，因而对大气环境质量和人体健康的影响很大。外部的空气质量如此，家里的空气质量也不容忽视。根据消费者的需求，传统空调厂商纷纷推出了能够去除PM2.5细颗粒物的空调。空气净化器和空调虽然功能不同，一个是净化室内空气质量，一个是调节室内空气的温度，但都发挥着室内空气小环境的调节管理作用，基于提升室内空气质量这一共同目标，可以将这两种功能有机组合起来，这就产生了带空气净化功能的空调。

3. 异类功能组合创新

异类功能组合创新，是指两种或两种以上不同领域的技术思想组合，两种或两种以上不同功能的产品组合。例如，自行车滚筒洗衣机就是一个典型的采取异类功能组合创新的创意产品。

这款带洗衣功能的自行车采用了动感单车造型（图6-6），在主体内部设计滚筒洗衣空间，采用了透明玻璃门设计，可以清楚看到里面的东西。设备脚蹬与洗衣机的滚轴相连，将脏衣服和水放入滚筒里，然后坐在上面开始骑行就可以带动滚筒进行“人力洗衣”。这个产品创意将动感单车和洗衣机两个毫不相干的功能有机结合在一起，迎合现代人新的生活理念和生活方式，节能、绿色、环保、健康，因此受到用户的喜欢和追捧。

如图6-7所示为电动牙刷和洗脸仪的组合产品。电动牙刷和洗脸仪都是通过电机

图6-6　异类功能组合创新（自行车滚筒洗衣机）

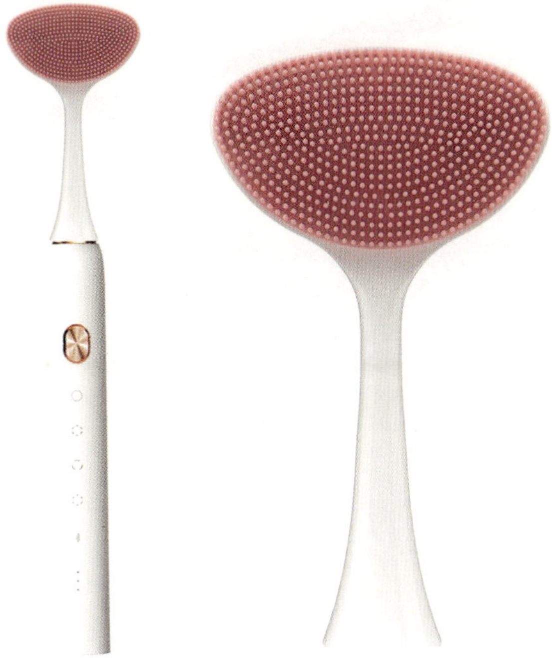

图6-7　异类功能组合创新（电动牙刷和洗脸仪组合）

的高频振动达到清洁效果的，其功能原理一致，所以罗曼的电动牙刷在原功能基础上，配送了一个洗脸仪的软胶头，让其多了一个洗脸仪的功能，更换方便，且增加的成本不高，另外，刷牙洗脸的场景也有关联，所以产品的组合比较自然。

二、形态组合

组成现代工业产品总体形态和单元形态的大多为抽象的几何形体，如圆柱、球、立方体等加上一些曲面形成的，并在这些基础上进行变形等。正是由于这些几何形体的规整性和条理性，才为形态单元的分解与组合提供了更广阔的空间。形态单元的合理组合，使造型生动活泼、富于变化，增强了艺术感染力，同时也为生产加工、装配调试带来了方便；有目的的组合也会使造型简洁、统一、整体感强。

1. 同类形态的组合（重复性）

造型单元的组合也可以是同类形态的组合，即造型单元的重复性。在组合时要注意各形态的体量关系、位置关系。如高低组合、前后左右组合、曲直组合、整体的组合和部分形态的组合等。

2. 重新组合

当事物产生之后，它的结构和功能往往会对人们的思维产生一定的限制作用。在进行产品改进设计时，如果无法跳出这种固有的思维框架，设计就可能会缺乏新意。重新组合方法是一种有效的设计策略，它涉及在不同层次上分解产品原有的组成元素，并以新的意图通过重新组合来增加产品的功能、提高使用性能或改善外观形态。

重新组合可以是针对产品整个结构的全面重新组合，也可以是针对某一局部或特

图6-8　重新组合（罗技键盘）

图6-9　形态与功能的组合（笔盒/笔筒）

图6-10　形态与功能的组合（工具围裙）

定组件的重新组合。这种方法的核心在于不增加新的实质性内容（如全新的材料或技术），而是通过重新排列、组合和优化现有元素来创造出新的设计解决方案。

通过这种方式，设计师可以打破传统的设计思维限制，探索出更具创新性和实用性的产品改进方案。重新组合方法鼓励设计师深入思考产品的每一个组成部分，以及它们之间的相互作用和关系，从而发现潜在的设计优化点。

如办公桌的使用场景，涉及高频使用的产品有电脑、键盘、收纳架、杯子、小风扇、手机支架等，这些产品在某种程度上可以试着进行结合。手机在办公桌这个场景中，有架立起来的需求，所以有些人会买手机支架，而同个场景中涉及其他产品就可以加上这个功能。如罗技的键盘（图6-8），将手机支架和键盘结合在一起，一个小小的形态变化，就解决了用户这个需求。

需要注意的是，不同产品的组合一定分主次，地位有高低，另一个增加的功能只能是小的变动，且不能增加太多成本，不然会变得不伦不类，让人分不清是什么产品。

3. 形态与功能的组合

形态是产品的表现形式，而功能是产品存在的必要条件，在设计时不能盲目追求形态而牺牲了功能，所以功能与形态的良好组合一直是设计师追求的目标之一。

有些产品不是固定在某个场景中使用的，产品的使用场景变了，产品就会有更加适合的形态。如学生时期使用的笔盒，有带出去的使用场景，也有在座位上使用的场景。于是设计师设计了如图6-9所示的产品，带出去时，是一个便携的笔盒；在座位上使用时，是一个便于拿取的笔筒。

又如，一些手工艺人或者维修工，有把工具围裙带出去的使用场景，也有在现场使用的场景。两个使用场景就会有两种更加适合的产品形态，于是我们将工具围裙通过折叠，变成一个背包的形态。带出去时，是一个背包；在现场使用时，只要快速展开就变成工具围裙（图6-10）。

三、材料组合

随着科技的发展，新材料的尝试和应用逐渐成为产品设计创新的重要手段。当一种新的材料出现后，就需要设计师来创新使用，来创造一种新的形态，赋予产品新的功能和使用方式。例如，维纳尔·潘顿（Verner Panton）设计的“S”形的堆叠椅，其采用塑料一次成型技术，造型新颖优美、色彩艳丽、技术完善，让塑料制品拥有了更完美的品质，体现出塑料的发明带给产品前所未有的变化。

在材料组合中，实现功能、结构、形态、使用方式的创新已成为创新设计活动的一种趋势。如果将已有的材料，通过合理组合使之成为一种新的材料或新的产品样式，那这种组合也是一种材料创新设计和产品创新设计。

在产品设计中，设计师不必受到材料的限制被动地接收材料科学的研究成果，而是应该积极探索各种材料在设计中的应用价值，大胆地使用各种材料，充分挖掘材料的表达潜力，充分考虑产品自身的不同个性和结构上的因素，考虑整体视觉效果，运用一些反常规的手段对材料进行加工处理，出人意料地把差异性很大的材料巧妙地组合在一起，从而创造出令人惊喜的、全新的产品材质效果。

1. 塑料+纺织：为生活带来温暖与活力

塑料+纺织的组合（图6-11），经常出现在家居用品上，原因也很简单，塑料虽然简约纯粹，但毕竟是化学反应的产物，免不了给人带来冰冷无情的感受，所以，对于家居生活来说，其与纺织材料的结合无疑是让人感觉温暖的最好的方式，况且纺织材料多变的纹理和性格，所带来的不只有温暖，更增添了不一样的设计感。除此之外，它们的组合也经常出现在音响耳麦产品上。

2. 水泥+金属：探索冰冷的美

金属常以线性的形式和水泥搭配（图6-12），因为这样可以形成一种轻盈和厚重的对比，产生一种独特的设计感。可以说它们的组合不仅给家居设计行业带来了新的形式，更是给喜欢宁静、深沉的家庭带来一种冰冷的优雅。

图6-11 塑料+纺织组合

图6-12 水泥+金属组合

3. 木+金属：冷与暖的相遇

自然清新的木材配上工业化冷血的金属（图6-13），既让木头这种材料显得更加坚固牢靠，也让金属显得柔和亲人。当然，金属和木头的链接方式也是值得我们去思考的。

4. 木+水泥：当自然融入城市

木+水泥组合会产生一种冥思、宁静的感觉，温暖柔软的木配上冰冷沉稳的水泥（图6-14），就像大自然遇上了城市，两者间产生了一种奇妙的化学反应，一切显得如此浑然天成。此类组合多用于家居类产品中，是一种中性的搭配方式。

5. 陶瓷+木："慢"材料的治愈

陶瓷和木是最亲近皮肤的两种材料，简洁不失细节，整体不失质感，二者搭配，是对"慢生活"最好的诠释（图6-15）。

产品的结构设计是否创新与独特，在产品呈现出的形态中占有很重要的位置。创新且独特的结构设计可以显著提升产品价值，使产品各个部分更加合理化，以实现产品功能，使其工作效率显著提升。此外，还可以在感官上给人视觉冲击力，吸引消费者眼球，"技术"与"艺术"的完美结合是发展趋势。

图6-13 木+金属组合

图6-14 木+水泥组合

图6-15 陶瓷+木组合

第六节 结构创新的人机原理

结构设计是为了实现产品的功能，而功能最终是为人民服务的，不能因为某个结构本身的“先进性”而忽视使用者——人的因素。我们把产品设计的目的设定为“创造更合理的生存方式”。所谓“更合理的生存方式”，就是在人—机环境中、系统中，人的一切活动的最优化。“最优化”的本质之一就是符合人机工程学的原则。因此，在某种程度上说，人机原理是结构创新设计的基点。

人机工程学的本质是让产品在使用时最大限度地契合人体的自然形态，使身体和精神尽量减少主动适应，从而减轻疲劳。我们所设计的产品都是从人的需求出发的，为人服务的。因此，在设计中首先要考虑人机关系在设计中的作用。

日常生活中，人与产品无时无刻不在发生联系，当我们使用这些物品时，人机关系会产生很大的影响。人机关系中所指的“机”，除了人们通常所说的机器外，还包括各种各样的工具、仪器、仪表、设备、设施、家具、交通车辆以及劳动保护用具等。在进行产品结构设计时，达到人机关系目标，才能让人们在使用产品时获得一种安全舒适的体验。

一、人机关系目标

在设计中，合理的人机关系应该达到的目标是高效、健康、舒适、安全。

1. 高效

在设计中，应该把人和机作为一个整体来考虑，合理或最优地分配人和机的功能，以促进二者的协调，提高人的工作效率。同时，人机所在环境中的一些因素，如温度、湿度、噪声、照明、振动、污染和失重等也影响人的效率和行为。

2. 健康

人在操作或使用产品的过程中，产品对人的健康不会造成不良的影响。如果产品设计不合理，就会使人处于不恰当的作业姿势，长时间地操作或使用它，不仅会使人感到疲劳，还会影响人的身体健康。

3. 舒适

人在使用产品的过程中，要使人体能处于自然的状态，操作或使用的姿势要在人们自然、正常的肢体活动范围之内，这样就不致使人过早地产生疲劳。人心理上的舒适感受也是人机关系应当考虑的目标。

4. 安全

人们在操作和使用产品的过程中，产品对人的身体不构成生理上的伤害，产品与人接触的部分不允许有尖角和锋利的边槽，易产生危险的地方应进行安全保护设计，如汽车的安全带设计、冲床的安全保护设计、儿童座椅前的护栏设计等，其目的是避免操作者和使用者产生因作业而引发的伤害。

二、人机关系的实现方式

如何实现这种合理的人机关系呢？首先应该明确设计涉及哪些人机关系，其次要考虑这些人机关系涉及哪些因素和技术指标。如要实现人与门之间合理的人机关系，就要考虑门的高度、宽度等，而要实现人与门把手之间合理的人机关系，除需考虑门把手的大小、安装的高度外，还要考虑人旋动门把手时所施力的大小。在实现合理的人机关系设计中，我们还应该注意处理好以下几个方面的关系。

（1）人群问题。现在大多数产品是为普通人群设计的，设计参照的标准是依据普通人群的数据确定的。但是特殊人群也是社会的重要组成部分，他们往往有着独特的需要。所以在设计时，还应充分考虑特殊人群的特点和需求。例如，要考虑残疾人的需求。

（2）形态问题。人们使用产品时，时常处于动态和静态两种状态之中，因此，设计的产品不但要符合人体的静态尺寸，也要符合人体的动态尺寸。要让人在使用它时，能够方便施力、有足够的空间等。这样的设计有利于减少人体疲劳，提高效率，满足健康、舒适的要求。

（3）需求问题。设计中的人机关系，不仅要满足人的生理需求，也要满足人的心理需求。产品的色彩、材质等都会对人的心理产生影响。视觉、听觉、触觉、味觉等都影响人的心理感受，如果能在设计中注意满足人在这些方面的心理需求，就可以将人机关系处理得更好。例如，茶座、咖啡屋的设计应以暖色调为主，将空间处理得小一些，以营造温馨、宁静的氛围；而办公空间一般应以冷色调为主，空间处理要简洁明快，以求产生严谨、高效的工作氛围。这样的设计都是为了满足人的心理需求。

（4）信息交互。人与产品的互动过程就是人与产品之间信息传递的过程，即人机之间运用信息语言交流的过程。改善信息传递的途径能够获得更好的人机关系。例如，电话机的无液晶屏显示、有液晶屏显示、可以视频通话等。

三、人机工程学设计案例

（1）三星定制系列手写笔。其采用天鹅绒般的铝质饰面，有几种不同的配色方案，从腮红色、黄色到亚光黑色均有（图6-16）。其搭配随附的智能记事本，通过带来更具触感、更符合人体工程学的打字体验来打破计算机工作的单调性。

（2）MOFT隐形笔记本电脑支架（图6-17）。该支架薄如硬币（厚度只有3mm），轻如钢笔，就像一个盖子一样粘在笔记本电脑的背面。其使用了一种巧妙的结构工程来支撑笔记本电脑，它有两个角度的设置，适用于任何一款笔记本电脑，MOFT有多种颜色来搭配笔记本电脑，可以在任何地方使用，在办公室、家里，甚至咖啡馆，帮助人们更方便地使用笔记本电脑工作。

图6-16　三星定制系列手写笔

图6-17　MOFT隐形笔记本电脑支架

（3）菲齐克（Veloce）自行车鞍座。菲齐克品牌的高端自行车鞍座（图6-18），专为骑公路自行车的人设计。由于它的结构轻盈，表面光滑，符合人机工程学的弧度，再加上后部的凝胶区，使它能够满足需要长时间骑行的自行车比赛的需求，帮助自行车运动员突破极限。

图6-18 Veloce自行车鞍座

思政与思考题

1. 任选产品进行分析，分析其在设计中进行了哪些创新。
2. 任选产品进行分析，分析其是否符合人机工程学，并进行改进。
3. 我们应如何在追求结构创新的同时，践行绿色发展理念，服务人民生活需要，体现新时代设计工作者的使命担当？

第七章

产品结构设计案例

7

本章主要讲述结构设计程序在具体设计中的应用，包括女性健身柜与家庭智能终端设备墙两个设计案例。通过设计案例，阐明在确定命题后，如何按照程序与方法一步步推进方案，从产品结构的角度推敲整体与细节，最终完成设计。

第一节　女性健身柜产品设计

随着经济的高速发展，人们不只满足于衣食温饱，更加注重生活品质。人们已经意识到，每天面对生活的巨大压力，会使自己处在亚健康状态。为了缓解心理和生理上的双重压力，人们找到了健身这一缓解方式。健身不但能满足人们强健体魄的需求，而且已然成为人们追求高品质生活的表现，而健身器材作为健身活动中不可缺少的工具，其扮演的角色已经从简单的锻炼工具，逐渐演变成人们缓解压力，放松心情的重要设备。

室内健身相对室外健身更适合快节奏的都市生活。由于户外运动受到较多因素的影响，从而导致其具有一定的局限性，选择室内健身则可以避免这些问题，同时，具有可供选择的健身器材种类多样、锻炼强度具有可调性、占据空间小等特点。因此，更多人会选择在家使用健身器材进行锻炼，这也是家用健身器材市场走俏的原因。随着购买健身器材种类增多，家中器材堆积，不方便收纳存放等问题也逐渐显现。根据统计显示，不同性别所使用的健身器材差异巨大，此款针对女性居家健身的女性健身柜应运而生。

一、前期调研

产品设计涉及人群、市场需求、材料、审美等多方面因素，所以在对产品的造型、功能等进行设计以前，需对产品的使用环境、现有产品的外观、功能等进行调研，再根据调研所得的大量信息进行分析总结，可发现用户需求与痛点，保证设计的可行性。

1. 人群定位与行为需求分析

（1）了解中高收入青年女性群体常做的健身运动项目，以及居家健身使用的健身器械，进而为产品内部方面、健身信息模块的构架和产品硬件方面、健身器材的整合和收纳提供依据（图7-1～图7-4）。

（2）查找健身器材与终端的联系识别方式，以及使用者与操控健身镜终端的交互方式，令使用者获得更好的使用体验。

（3）基于有限的家庭环境做健身角落设计，满足使用者的器材收纳需求，及对健身活动的指导。

（4）对于大部分健身群体而言，其普遍有较强的社交欲，在App社区上可以数据共享，结交志同道合的朋友，共同激励锻炼；对于已婚已育女性而言，在兼顾健身专业性的同时，也需要关注到家庭健身的娱乐性需求。

2. 产品使用环境分析

有健身需求的青年女性，其家中的装修风格多以现代简约为主，色调主要是浅色或木色，注重室内整洁干净。虽然其用于健身的空间有限，但可以保证健身者的身体能伸展开。

3. 产品分析

对比居家健身与在健身房健身，居家健身场地小于健身房，家中可收纳大型器械的空间有限，所以居家健身可做的有关大型器械的运动种类较少，居家健身使用的大型器械主要有跑步机、椭圆机、划船机、动感单车；家庭健身区域可允许用户伸展双臂，所以无需器械的训练动作和健身操等很受居家健身者的青睐；辅助器械，像健身台阶、瑜伽垫、泡沫轴，小型器械负重球跳绳、智能哑铃等，也经常成为用户的选择。

面向女性的家用健身器材，色彩往往为简约的黑色与白色或轻快明艳的紫色、绿色、粉色；造型上，比一般安全性高、防磕碰的器械更加圆润。

如图7-5所示是对女性健身柜的需求分析。

图7-1　用户画像—已育健身精英

图7-2　用户画像—已育中间人群

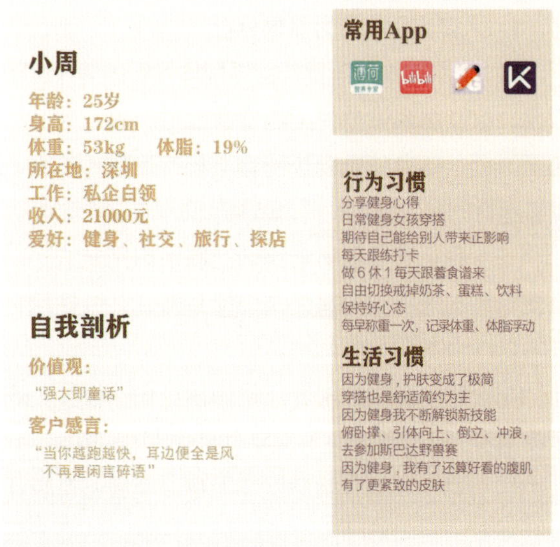

图7-3　用户画像—未育健身精英

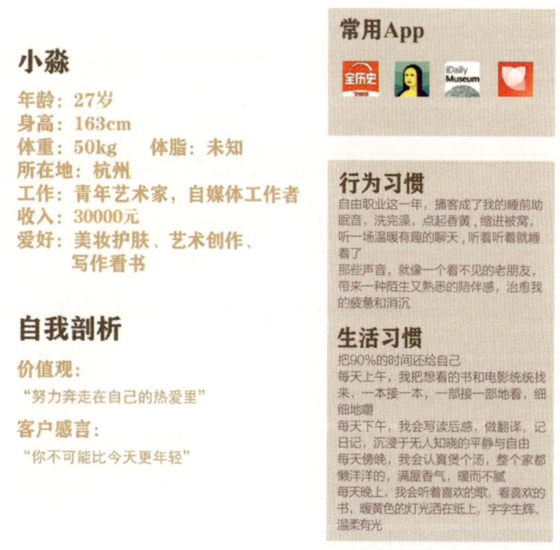

图7-4　用户画像—未育中间人群

4. 技术可行性分析

（1）信息感知模块：智能健身器材通过摄像头、压力传感器进行动作捕捉；通过麦克风进行声音感知；通过光纤传感器对环境有所感知。汇总多个模块，捕捉人体运动过程中的生理特征变化，声音、动作指令以及环境变化，随时对健身项目进行调整。

（2）信息处理模块：经过信息感知模块将捕捉到的图像、声音等信号，转化成芯片可以识别处理的信号，以便后续信号输出，给予用户相应反馈。

（3）信息输出模块：最后信息将通过IPS面板成像，扬声器传声，将信息传递给用户。

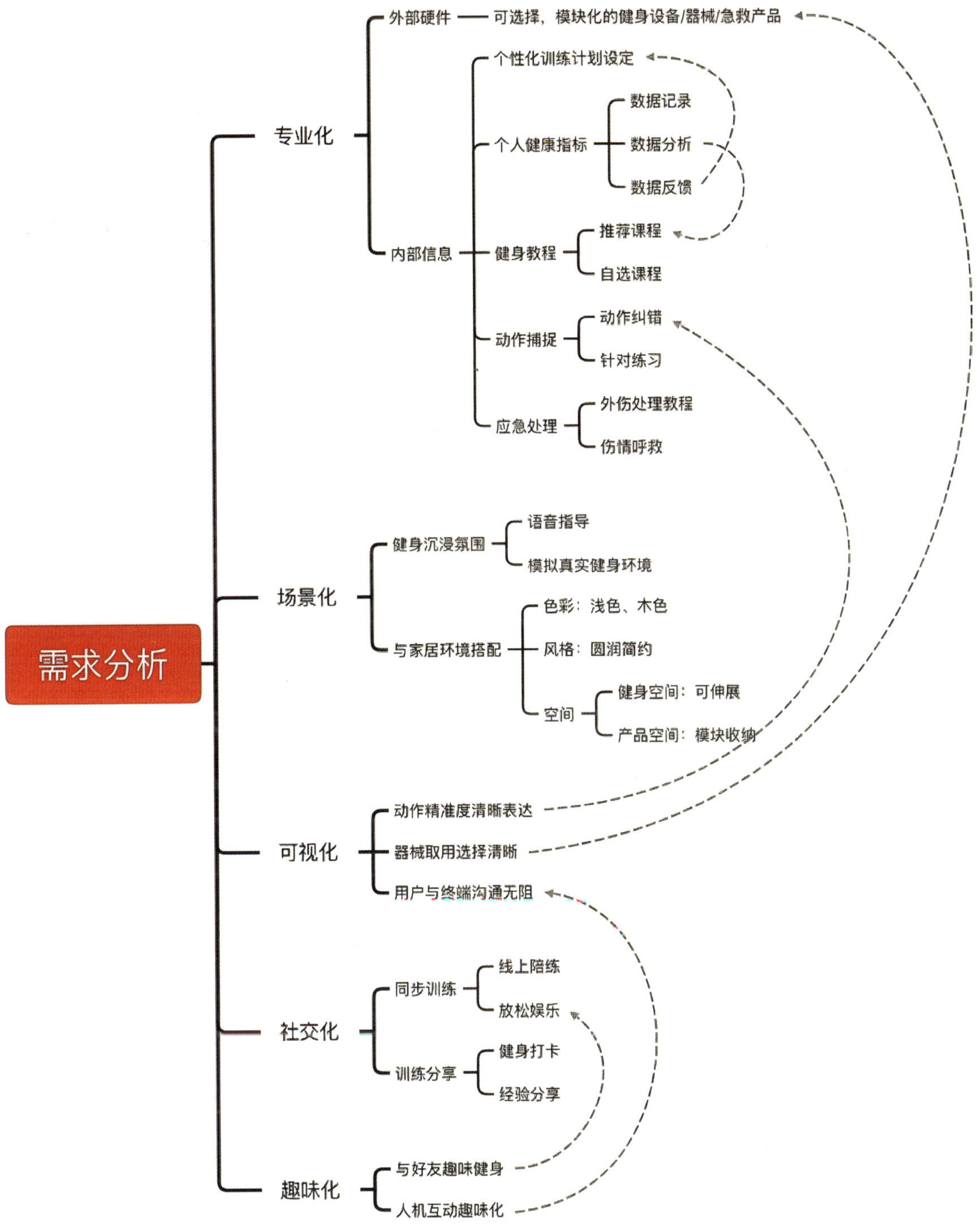

图7-5　对女性健身柜的需求分析

二、产品草图

1. 女性健身柜产品推演

根据女性健身群体的需求，总结得出此款设计需要与家居环境相融合，且考虑到家庭空间有限，并要满足器材收纳、健身指导、健身社交等需求，进行角落设计。以下两个方案，均是以柜体为基础进行设计（图7-6），但考虑到可行性与便利性，最终确定以左侧方案为基础，进行设计深化。

2. 人机交互（智能产品交互原型、低保真原型图）

女性健身柜的人机交互分为硬件、软件两部分，硬件部分由作为中控系统的健身镜和各个健身模块组成，健身镜主题负责信息的部分采集、信息处理及信息输出，健身模块配合健身镜部分，对用户的动作、身体指标进行采集（图7-7）。

软件部分包含记录健身数据、提供健身指导等多项功能（图7-8），根据功能，设计UI界面的逻辑架构（图7-9）。依据UI界面的逻辑架构进行操作，流程如图7-10所示。根据逻辑架构，对UI界面进行视觉设计，可得到高保真原型图（图7-11）。

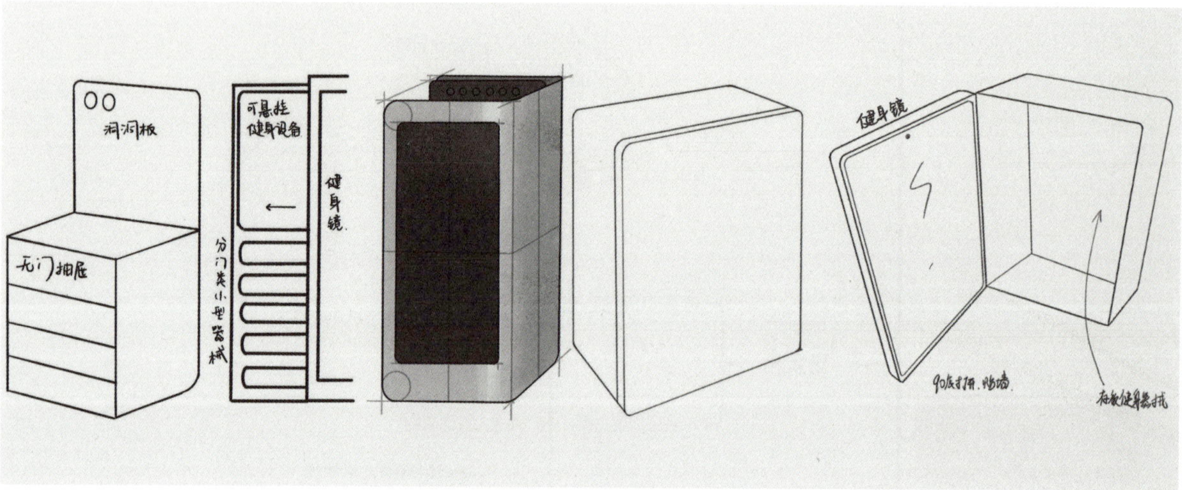

图7-6　女性健身柜设计方案草图

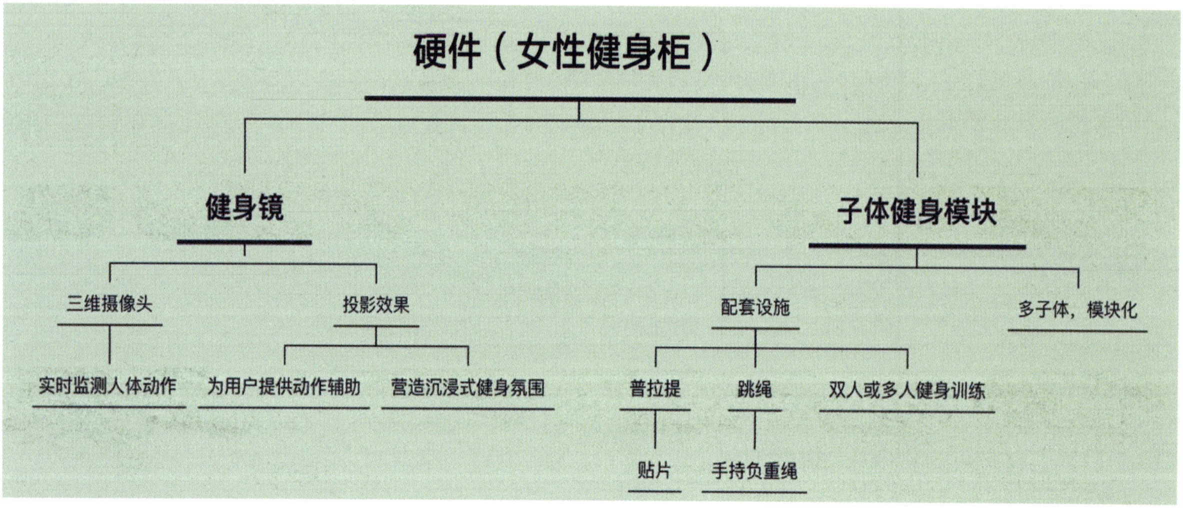

图7-7　女性健身柜硬件组成

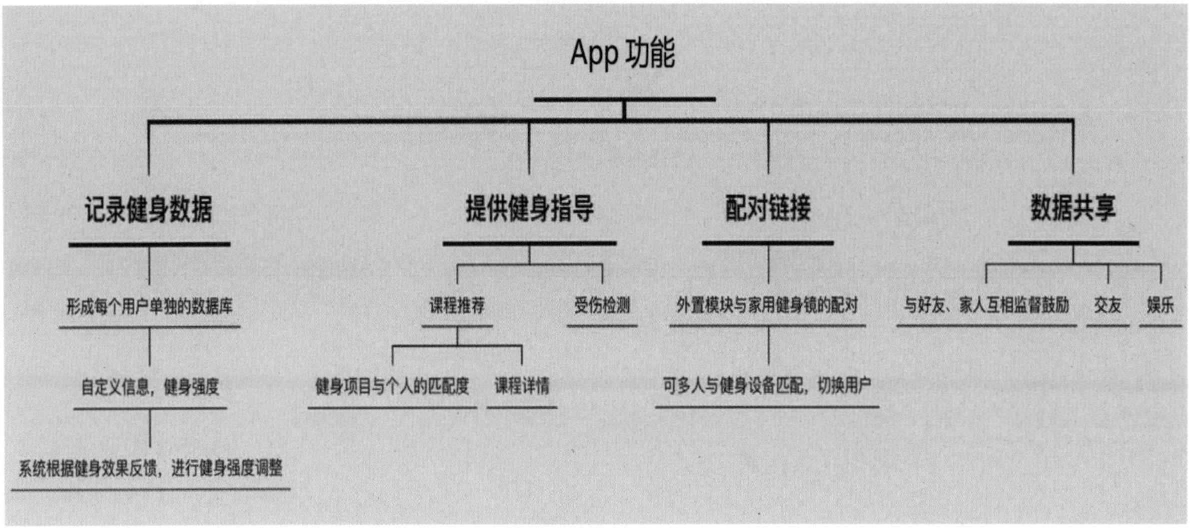

图7-8　女性健身柜软件功能

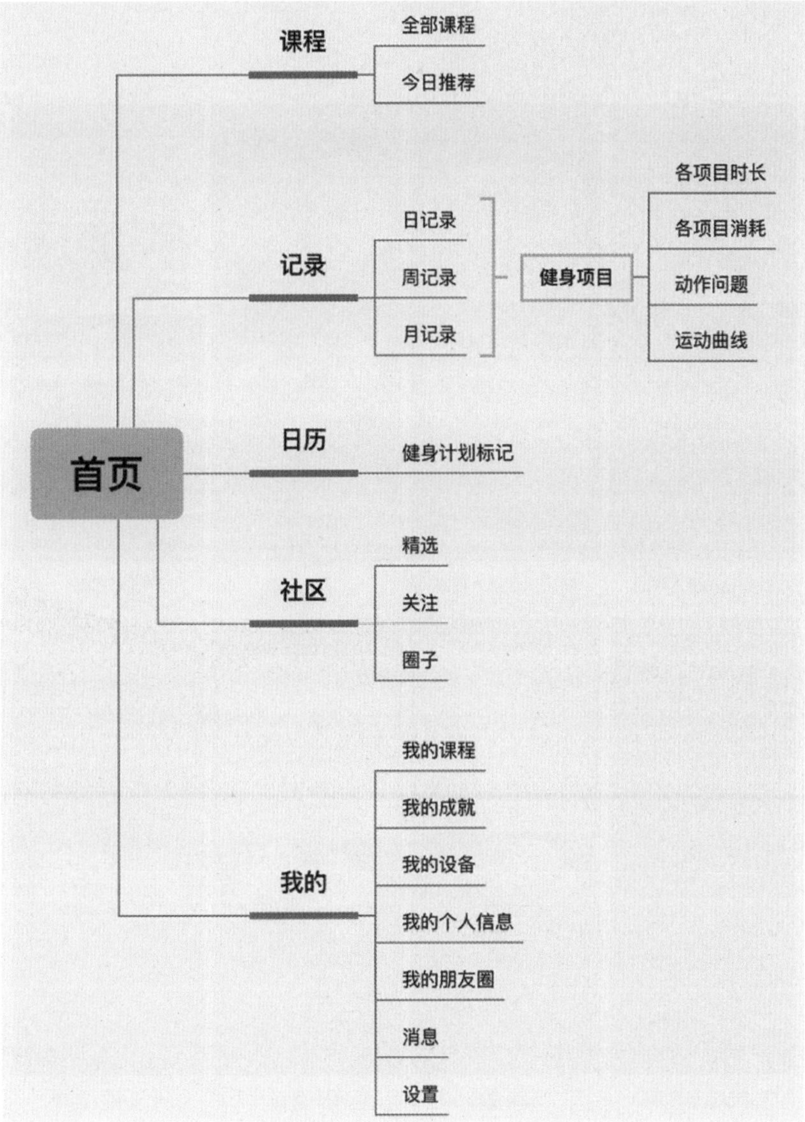

图7-9　UI界面逻辑架构

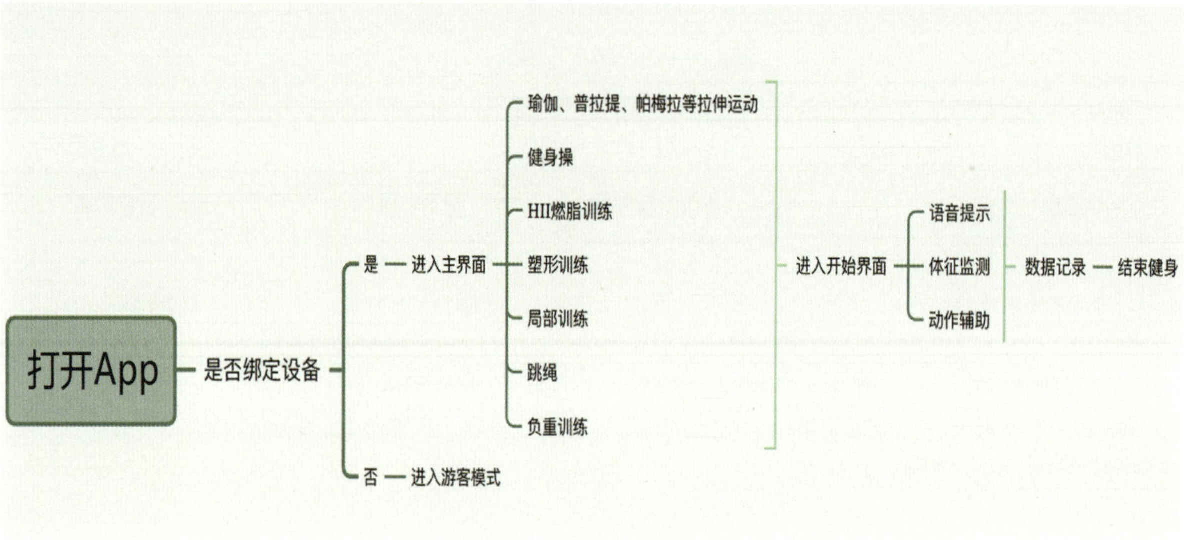

图7-10　操作流程

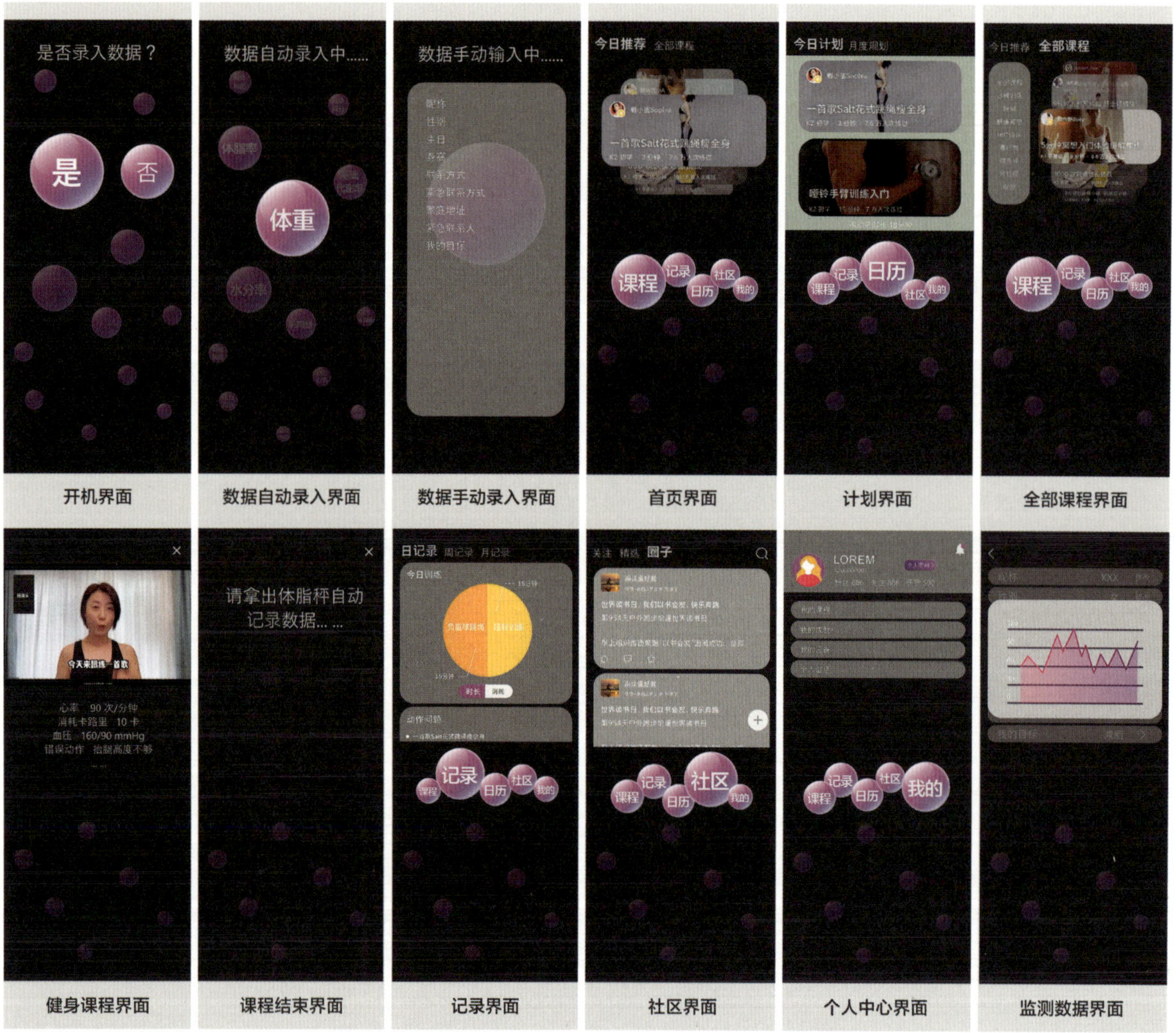

图7-11　高保真原型图

三、女性健身柜产品整体设计

该产品为一款集成了控制终端与多种健身器械的模块化家用健身设备（图7-12）。健身开始时，先在健身终端设定或选择健身计划，根据健身计划所需的设备推荐，拿取设备并进行匹配。开启健身后，终端自带的3D摄像头将对用户的动作进行捕捉，记录准确率并及时纠正错误动作。健身过程中，检测系统随时工作，一旦发现身体的异常数据，将立即叫停运动，并对该运动进行标注，必要时会对健身计划进行修改。

在为有居家健身需求的青年女性设计的“家用健身墙系统”中进行了以下创新。

（1）数字接触点——器械安装智能感应触点（动作辅助系统）以及用户佩戴设备（例如，手环胶囊、手持负重跳绳等），记录用户运动状态，方便后台进行科学锻炼计划服务。

（2）人际接触点——包括在App社区上可以数据共享，结交志同道合的朋友，共同激励锻炼。

（3）优化了物理接触点——实现隐藏式镜头，保护隐私。

图7-12　女性健身柜产品场景图

四、女性健身柜产品结构设计

1. 壳体设计

产品尺寸为高1800mm、长80mm（将内柜收纳后）、宽400mm。健身镜屏幕尺寸为高1400mm、长600mm。整体为黑白灰简约现代配色。屏幕以外环形材质为ABS塑料，边框与内柜材质为金属，既保证了柜体的承重能力，又在一定程度上控制了产品重量，顾及了产品运输时的便利性（图7-13）。

考虑到内柜的收纳功能，防止上层落灰，外壳为一体成型的环形态，其由内外两环，以及两侧金属边框拼插组成（图7-14）。

2. 运动机构

由于内柜收纳智能哑铃、壶铃等大重量器械，为防止内柜在移动时晃动，导致器械掉落，在设计滑轨运动机构时，在内柜与外壳上下连接部分设置天地轨（图7-15、图7-16），在内柜拉出侧的底部设置滑轮（图7-17），内柜闭合时，滑轮收纳于柜内；打开时，滑轮自动落地，防止内柜倾覆。

3. 电子元器件

电子元器件的设计主要包括主板、摄像头、扬声器、MEMS麦克风、IPS面板等，下面简单介绍其技术支持、内部结构，以及不同部件对应的功能模块。摄像头爆炸图如图7-18所示。

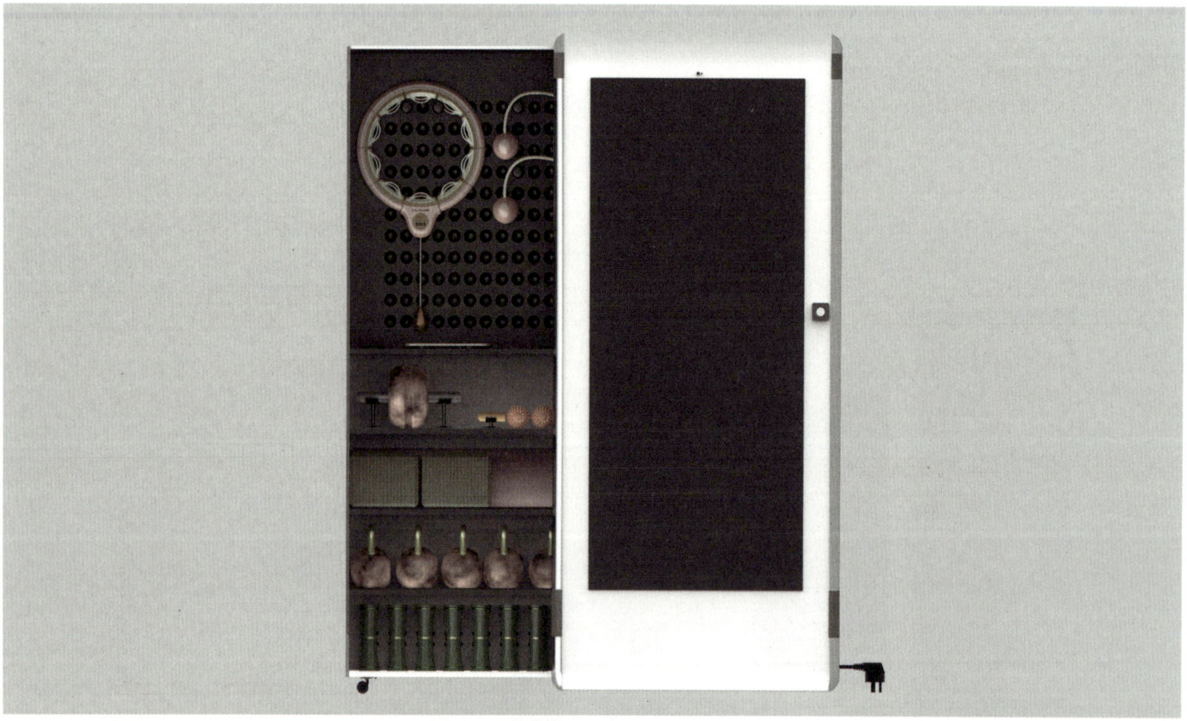

图7-13　女性健身柜主视图

图7-14　壳体组成

图7-15　地轨

图7-16　天轨

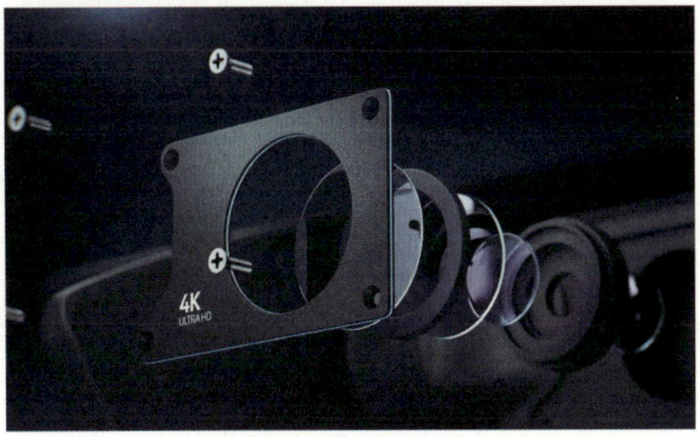

图7-18　摄像头爆炸图1

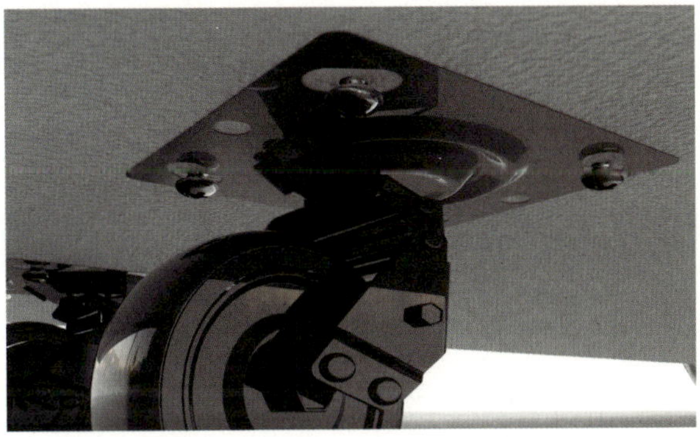

图7-17　滑轮

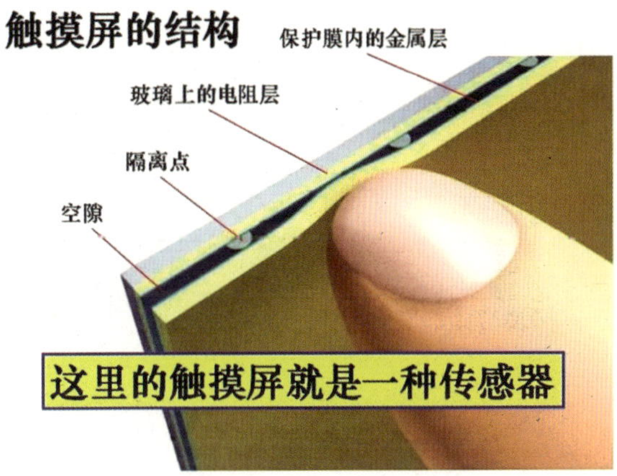

图7-19　电阻式触摸屏工作原理图

（1）信息感知模块。

① 3D摄像头与光线传感器。其主要的硬件包括四部分：红外光发射器（IR LD）、红外光摄像头（IR CIS）、可见光摄像头（Vis CIS）、图像处理芯片（ISP），红外光摄像头需要特制的窄带滤色片。将其安装在健身镜屏幕上方，可用于捕捉用户健身动作。

光线感应器也称亮度感应器，其位于摄像头左侧，屏幕上方，它能根据设备所处的光线亮度，自动调节手持设备屏幕亮度，给使用者带来最佳的视觉效果。

光线感应器是由两个组件，即投光器及受光器所组成，利用投光器将光线由透镜将之聚焦，经传输而至受光器之透镜，再至接收感应器，接收感应器将收到之光线信号转变成电信号，此电信号可进一步做各种不同的开关及控制动作，其基本原理即对投光器、受光器之间的光线做遮蔽之动作所获得的信号加以运用，以完成各种自动化控制。

二者均是通过螺纹紧固件与外环体连接，通过排线连接主板，进行信息传输。

② 压力传感器。电阻式触摸屏，在产品中的作用是感知用户对镜操作。这种触摸屏利用压力感应进行控制。电阻触摸屏的主要部分是一块与显示器表面非常配合的电阻薄膜屏，这是一种多层的复合薄膜，它以一层玻璃或硬塑料平板作为基层。

它的表面涂有一层透明氧化金属（透明的导电电阻）导电层，上面盖有一层外表面硬化处理、光滑防擦的塑料层，它的内表面也涂有一层涂层，在它们之间有许多细小（小于1/1000英寸）的透明隔离点，把两层导电层隔开绝缘。当手指触摸屏幕时，两层导电层在触摸点位置就有接触，电阻发生变化，在*X*和*Y*两个方向上产生信号，然后送至触摸屏控制器。控制器侦测到这一接触并计算出（*X*，*Y*）的位置，再根据模拟鼠标的方式运作。这就是电阻技术触摸屏最基本的工作原理（图7-19）。

③ MEMS麦克风。远场语音识别采用的是麦克风阵列方式，麦克风的中文学术名称为传声器，这是一种将声音转换成电子信号的换能器，即把声信号转成电信号，在女性健身柜中的作用是感知用户语音操控。

现在麦克风阵列主要采用的是数字MEMS（Micro-Electro-Mechanical Systems，微机电系统）麦克风（图7-20），这些麦克风的最长尺寸通常仅有3.76mm。MEMS麦克风虽然在制造工艺上有所创新，但其核心工作原理仍然与传统的电容式麦克风相同。它们通常被直接焊接在主板上，以实现更紧凑和高效的设计。

MEMS麦克风特别适用于要求严格的远距离语音交互系统。紧凑的外观设计有助于研发人员将麦克风阵列嵌入自动化家庭的墙壁、写字台或具有语音功能的家电内。即便房间内有很多人同时在播放音乐，优异的声学特性结合先进的信号处理技术，也能让麦克风从几米外识别并采集一个人发出的语音命令。

（2）信息处理模块：芯片（主板）（图7-21）。集成电路（Integrated Circuit，IC）或称微电路（microcircuit）、微芯片（microchip）、芯片（chip），在电子学中是一种将电路（主要包括半导体设备，也包括被动组件等）小型化的方式，并时常制造在半导体晶圆表面上。

芯片作为女性健身柜的信息处理模块，负责处理信号，以螺纹紧固件的形式固定在外壳体的内外环之间。

（3）信息输出模块。

① 扬声器。扬声器固定在外壳两侧金属外环的下部，作用是为用户反馈声音信息，由以下几部分组成（图7-22）。

振动板：为了让空气发生振动的振动体（塑料膜），它是扬声器的主要零件之一，使用较多的材料为MCPET（纳米反射板）。

保护器：保护振动板（金属制）。

阳极：使磁力线聚集在电磁线圈周围的金属板。

电磁线圈：电流通过时产生驱动力的线圈。

图7-20 MEMS麦克风

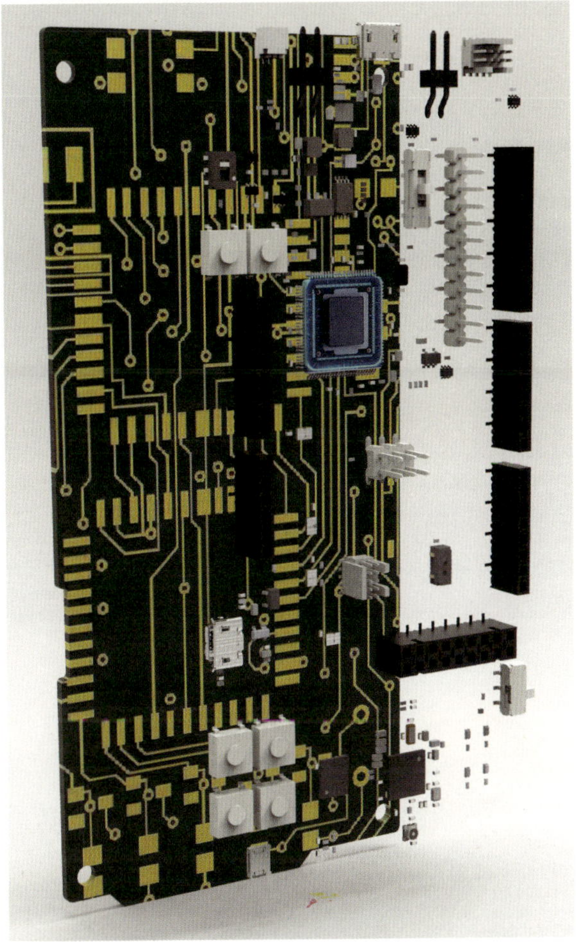

图7-21　主板爆炸图

图7-22　扬声器爆炸图

图7-23　IPS面板

金属环：用于将磁力线聚焦并引导至电磁线圈周围的金属结构或板件。

磁铁：发出磁力线。

垫片：抑制振动体（空气制动）和防尘。

② IPS面板。IPS面板（图7-23）的作用是为用户反馈图像信息，其最大特点是：两极在同一个面。其不像其他液晶模式，电极在上下两面、立体排列。该技术把液晶分子的排列方式进行了优化，采取水平排列方式。当遇到外界压力时，分子结构向下稍微下陷，整体分子呈水平状。

遇到外力时，硬屏液晶分子结构的坚固性和稳定性优于软屏，不会画面失真及影响画面色彩，最大程度保护画面的效果。

4. 固定与连接

在本案例中，固定与连接的方式主要有螺纹紧固件连接、卡扣连接、胶粘连接、磁吸固定及其他方式的连接等。

① 螺纹紧固件连接。器材放置板与内柜的连接（图7-24）、螺纹紧固件把手连接（图7-25）、滑轨滚轮与壳体的连接（图7-26）、屏幕面板与壳体的连接（图7-27）、摄像头与壳体的连接（图7-18）、主板与壳体的连接（图7-21）、开关与壳体的连接（图7-28）。

②卡扣连接。外壳部分内外环体与金属边框的固定连接、智能哑铃与内柜的固定连接（图7-29、图7-30）。

③胶粘连接。屏幕与背板的连接（图7-31）。

④磁吸固定。体脂秤、手环胶囊与隔板的固定连接（图7-32）。

⑤其他方式连接。由于瑜伽垫、瑜伽砖材质特殊，摩擦力大，稍加固定即可（图7-33）。

图7-24　器材放置板与内柜的连接

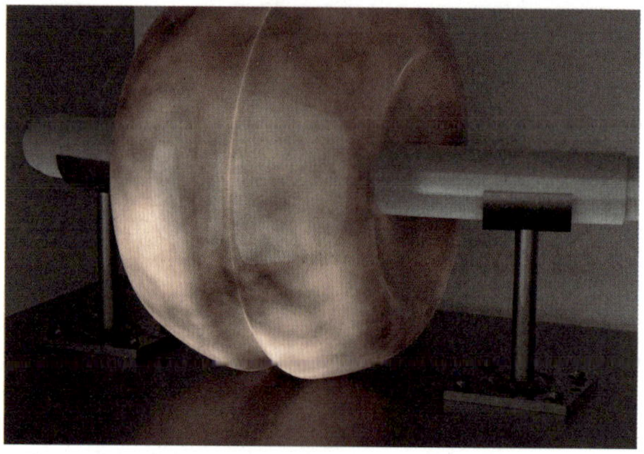

图7-25　螺纹紧固件把手连接

图7-26　滑轨滚轮与壳体的连接

图7-27　屏幕面板与壳体的连接

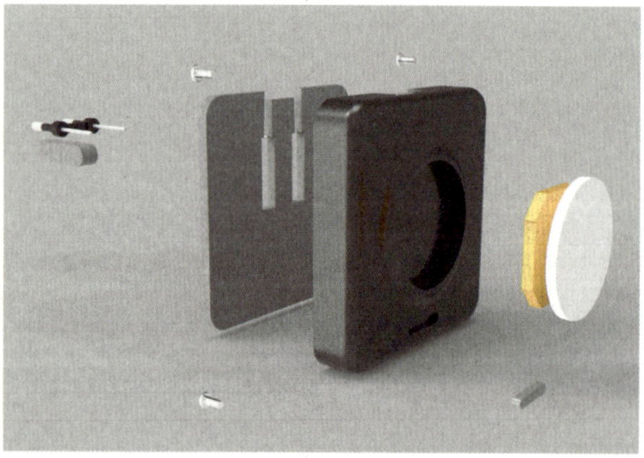

图7-28　开关与壳体的连接

图7-29　先将智能哑铃卡入底部卡槽

图7-30　将放入卡槽的智能哑铃向后推，直至卡入背板卡扣

图7-31　屏幕与背板的连接

图7-32　体脂秤、手环胶囊与隔板的固定连接

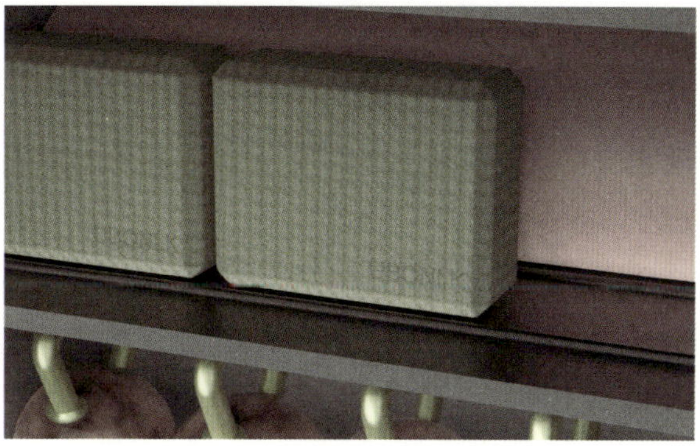

图7-33　瑜伽垫、瑜伽砖的固定连接方式

第二节　家庭智能终端设备墙产品设计

伴随着科技和经济的高速发展，物联网逐渐影响到各行各业，且与我们的生活息息相关，其中智能家居便是家庭环境下物联网的重点应用领域。而随着越来越多的“90后”“00后”年轻群体逐渐成为市场消费的主力军，智能家居行业开始不断变化和升级，以物联网、大数据等信息技术为手段，为人们提供舒适、简便、安全的生活方式。

人们生活水平提高，家用电子设备成了家居必备的“硬”设施。而现代家庭电子设备不断多样化的过程中，出现了功能重叠冗余、充电电线杂乱、占用居家空间，以及大小不一、风格凌乱等问题。而在“软”设施方面，相比技术较成熟的办公信息化和公共设施信息化，家庭信息化还处于滞后状态。并且，现有的智能家居系统以及家庭信息化技术都比较单一，且难以统一标准。因此，本产品将思考点放在了家庭软设施和硬设施进行结合的概念中，及如何将智能家居控制系统和家庭常用的电子设备联系起来。

一、前期调研

1. 市场调研

将市面上现有的产品概括成组合家电、信息集成和万物互联产品三种类型，分别进行调查分析，如图7-34所示对同类产品进行分析，并找出存在的问题以及现有解决方式，为本产品设计提供参考和建议。

2. 用户调研

将用户人群定位在“90后”“00后”年轻群体，通过问卷形式调研这类群体对产品的需求。问卷基本内容包括：用户基本信息（年龄、收入、家庭成员状况等）、用户家庭拥有产品的情况、对智能家居的设想等若干选择题。通过调研结果，进行人群定位分析（图7-35），并建立用户画像（图7-36～图7-38）。

调研的作用：

① 了解符合用户需求的电子设备种类及其在不同家庭区域的使用情况，为后期整合小型家电提供依据。

② 了解用户不同家庭场景下的需求，为模式化控制提供依据。

③ 了解不同家庭成员拥有不同需求，通过产品设想总结用户青睐的交互形式，满足家庭成员的互动，信息储存共享。

3. 调研总结

① 明确本产品的现代化简约风格，使其能够以美观和谐的方式融入不同的住宅环境。

② 屏幕触摸和语音结合的互动形式，以若干模式的形式调控。

③ 主体的使用场所为客厅，又可取用于不同家庭场景，方便满足不同家庭成员的使用需求。

④ 集中收纳并充电，避免电线杂乱，达到集成的效果。

图7-34 同类产品分析

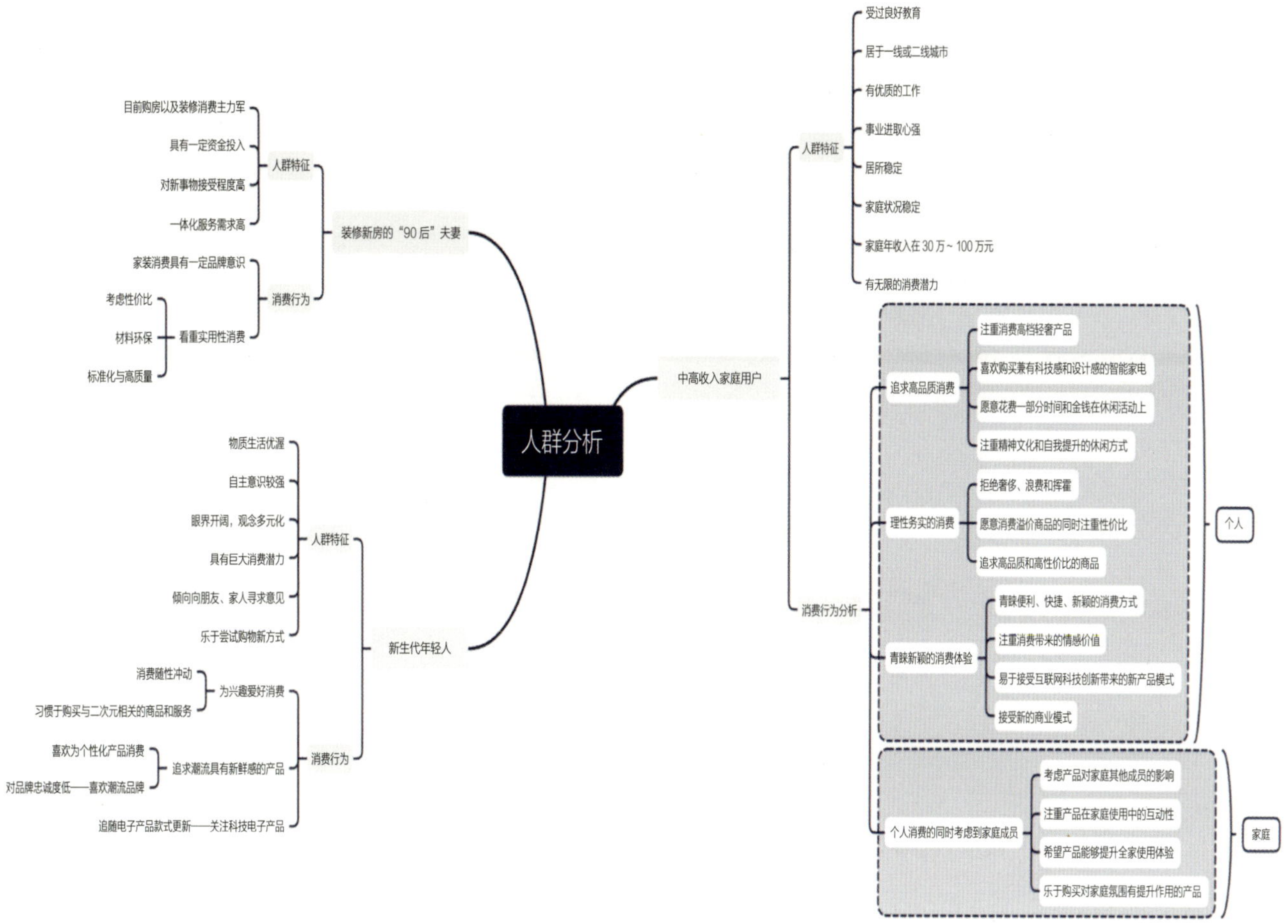

图7-35　人群定位分析导图

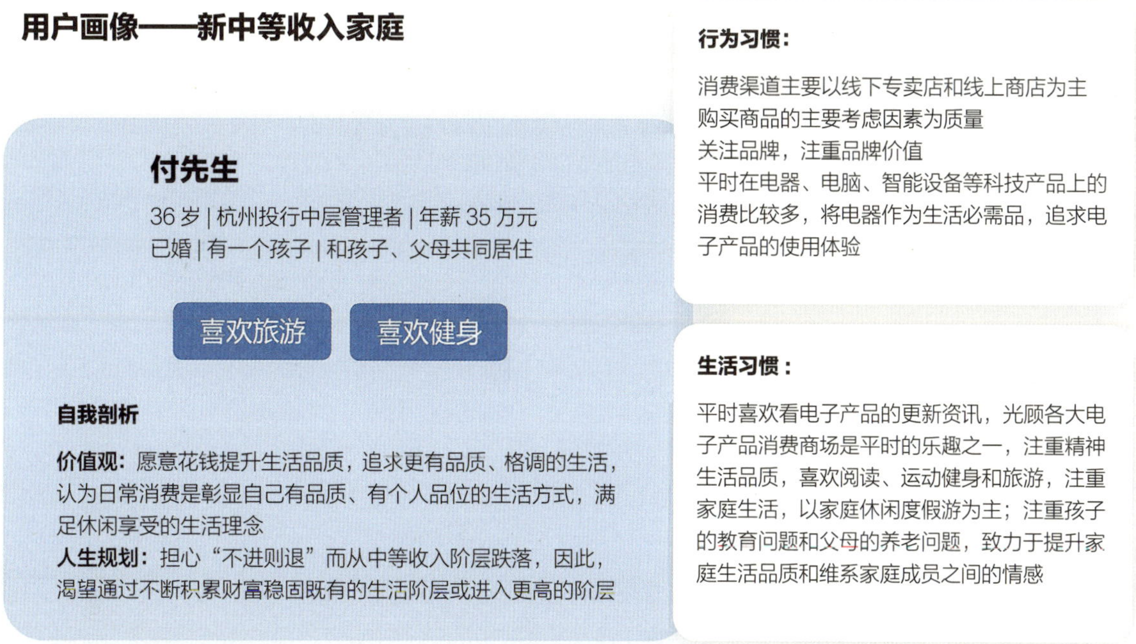

图7-36　用户画像1

用户画像——“90后”女青年

小于

28 岁 | 郑州某私企白领 | 年薪 20 万元
已婚 | 未孕 | 和丈夫居住

喜欢购物　生活情调

自我剖析

价值观： 认真对待事业与家庭
人生规划： 未来三年有生育打算

行为习惯：

平时逛街会买一些创意装饰品装饰房子
每天早上外出遛狗并购买早饭，下午 5 点下班
下班时间与休息日在家中研究做饭
经常邀请朋友们来家中做客

生活习惯：

喜欢逛街或上网，喜欢小动物，房子付完首付正在还房贷，养了一猫一狗。与丈夫都非常注重家庭的氛围感，有生活情调

图7-37　用户画像2

用户画像——新时代年轻人

小宅

22 岁 | 深圳某大学研究生 | 无收入
单身 | 和父母居住、上学住单人宿舍

计算机行业　科技产品

自我剖析

价值观： 愿意为爱好花费时间和精力
人生规划： 毕业留在深圳发展，争取脱发之前年入百万

行为习惯：

课余时间会带着相机在校园里摄影随拍
喜欢看科幻电影，在宿舍装了投影仪
在为买房存款

生活习惯：

家庭条件较优越，性格偏内向，摄影爱好者
数码产品发烧友
消费大部分通过网上购物
关注摄影设备等电子设备的更新换代

图7-38　用户画像3

二、产品推演

通过思维导图的形式整理产品硬设施与软设施框架图（图7-39、图7-40），明确产品的主次功能。随后进行产品草图和交互原型的设计，模式运行流程见图7-41。

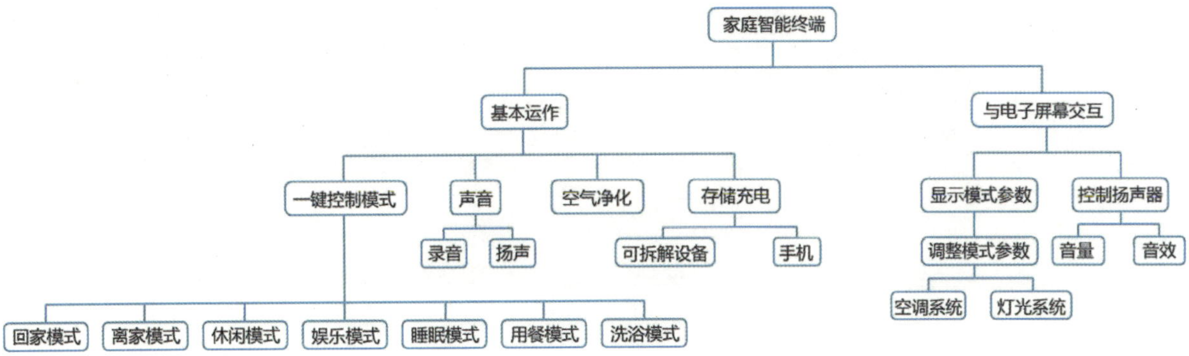

图7-39　产品硬设施框架图

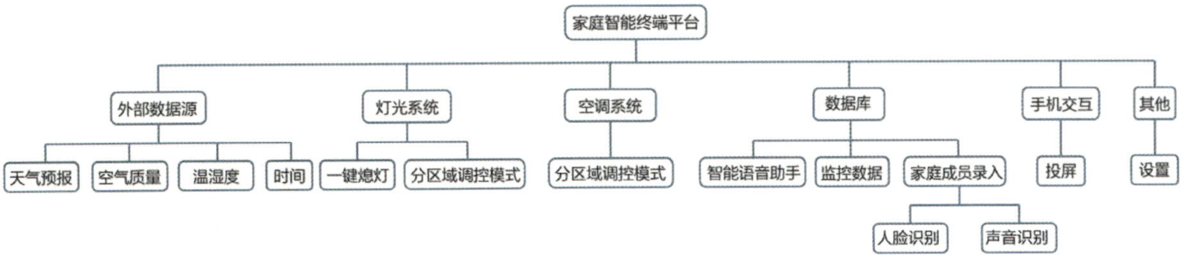

图7-40　产品软设施框架图

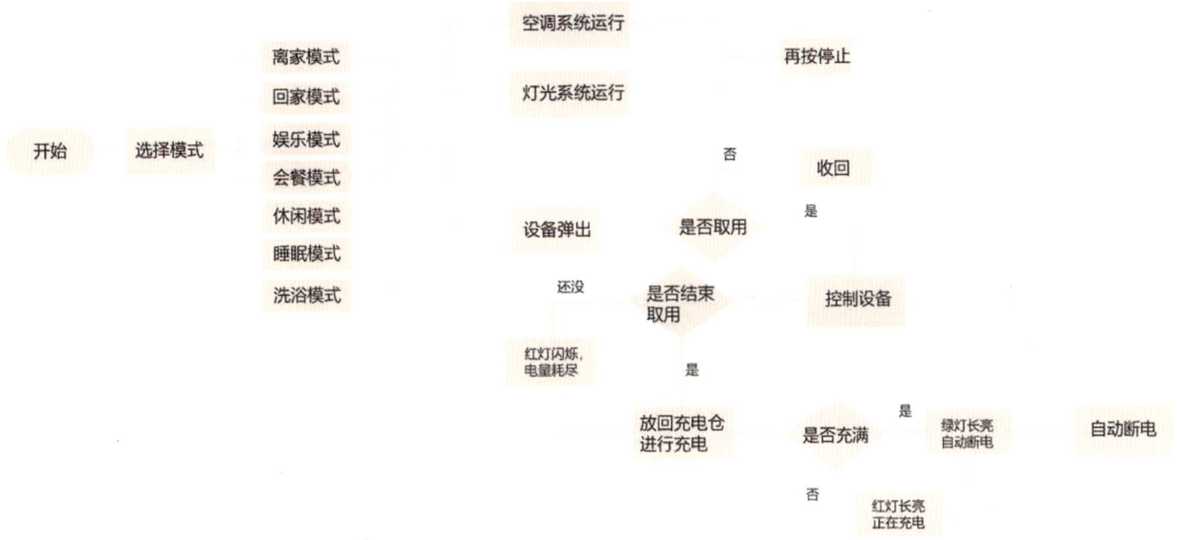

图7-41　模式运行流程图

1. 产品草图

首先确定产品的尺寸应符合日常使用需求，考虑用户在屏幕前怎样操作更方便，是否能满足不同成员的需求，电子设备是否可取用等问题。

如图7-42所示，在产品推敲过程中，将设计重点放在了功能分布上，使用AI（Adobe Illustrator）软件进行平面绘制，并结合实际的尺寸对照。产品整体外形为紧凑的几何形态，通过垂直和水平框架布置产品功能元素。将产品整体尺寸确立在600cm×1000cm，嵌入墙体时，屏幕高度应与人身高相匹配。

2. 交互原型

（1）低保真原型图。屏幕尺寸比例为9:16，可通过之前构建的文字框架进行低保真原型图的设计排版，并理顺逻辑关系，确保交互原型运行时正确合理（图7-43）。

图7-42　整体造型的平面布局推演图

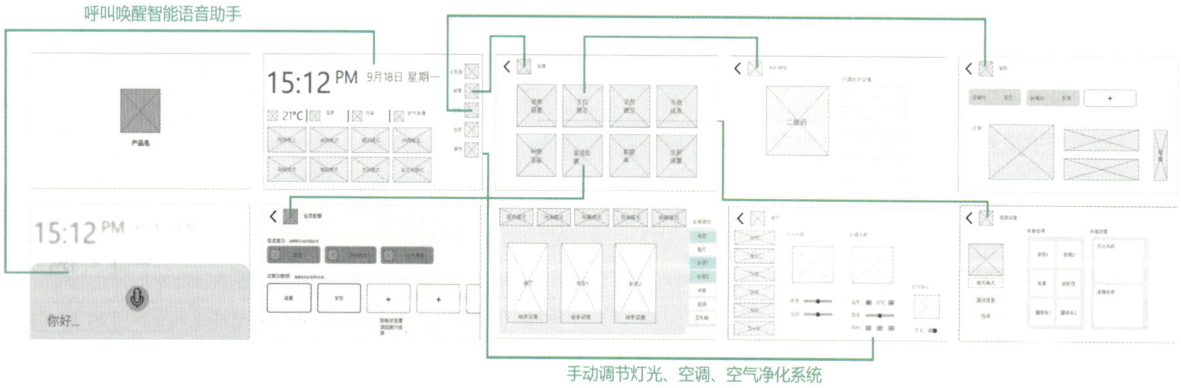

图7-43　低保真原型图

图7-44　交互页面：主页面，场景设置页面

（2）交互页面设计。交互系统包括对小型家用电器的取用，如对家庭灯光、空调、空气净化系统进行控制以及个性化设置，并结合家庭成员信息管理、智能语音助手以及安防监控系统等副功能。

页面采用深色背景以及蓝绿色光感的渐变色来体现产品的科技感。主页面上端显示温度、天气、污染、空气质量等外部数据源，有八种家庭模式场景，选择其中一种，即可进行该模式下的家庭区域选择。比如选择娱乐模式，可以进行区域的添加与取消，点击下方进行场景设置，就可以对该区域的家电设备和环境系统进行调节，调节完毕后测试场景，确认合适后即可保存设置。设备点击图片亮起就可以运行之前保存的设置。如图7-44所示为交互页面，如图7-45所示为交互系统使用说明。

三、家庭智能终端设备墙产品整体设计

设备主体部分外形为规则几何形态，功能包括电子屏幕、空气净化系统、移动设备与若干小型家用电器的整合以及充电。

触摸电子屏作为用户主要的操作形式，用户可以在交互页面上进行家庭模式选择和调节，实现对家庭灯光、空调、空气净化系统的控制。并在使用智能语音助手和播放监控视频时与对称的扬声器结合使用（图7-46）。

空气净化系统集家庭空气质量检测、新风净化、中央控制为一体。能够吸附、分解或转化各种空气污染物（一般包括PM2.5、粉尘、花粉、异味、甲醛之类的装修污染、细菌、过敏原等），能有效提高空气清洁度。系统的出风口和进风口分别设计在主体的上下两端，可以高效进行室内空气净化，实现空气循环。

抽拉式的充电仓，能给手机、蓝牙耳机、平板等移动电子设备提供统一的充电区域，避免了家庭成员同时充电时插座不足的问题以及充电线杂乱的安全隐患。

小型家电根据用户需求，选择了对加湿器、智能音箱、投影仪和摄像头进行设计，将它们的尺寸、风格统一化（图7-47）。采取乐高积木式的创意点（图7-48），将其通过拼插形式与主体连接，并通过金属触电连接充电。用户可以自由调整电器的位置组合，拥有像积木一样的自由操作性。产品中还配备了不带电子功能的收纳盒，推出系列同比例家电时，用户可以进行替换，提高了用户个性化与系列化产品的可延展性。

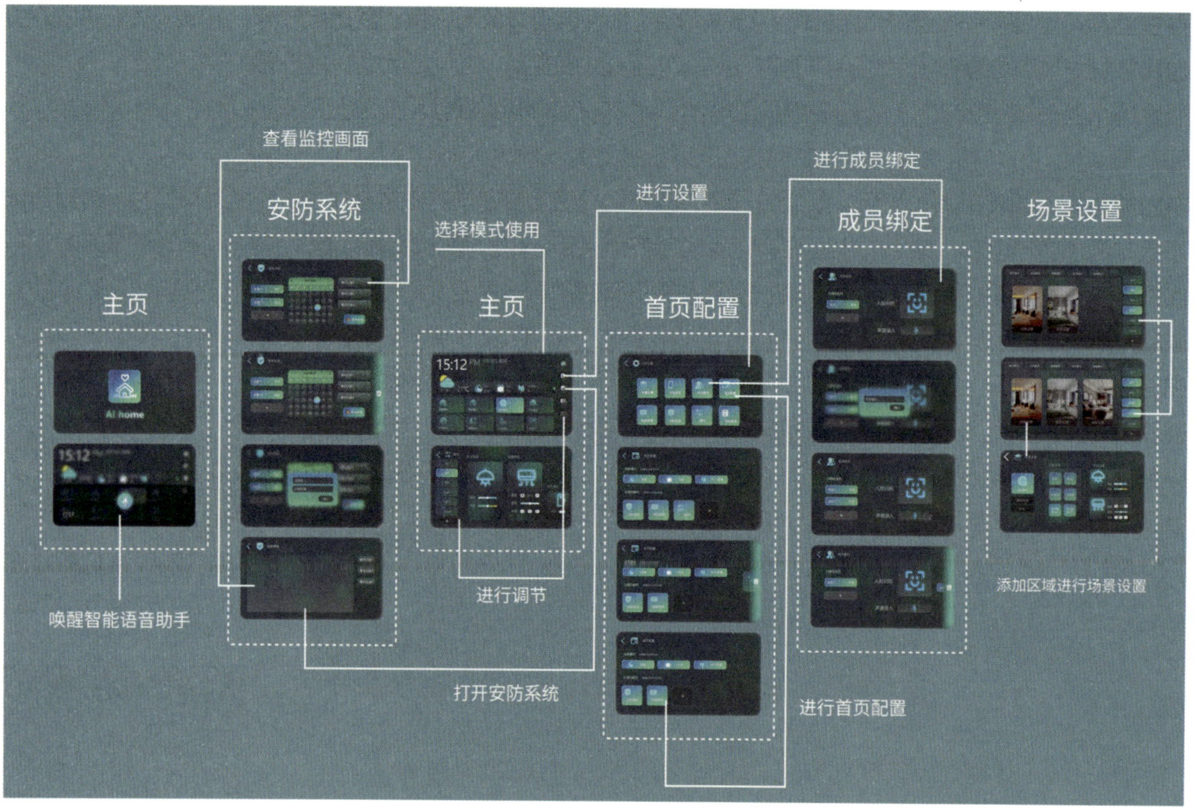

图7-45　交互系统使用说明

图7-46　产品效果图

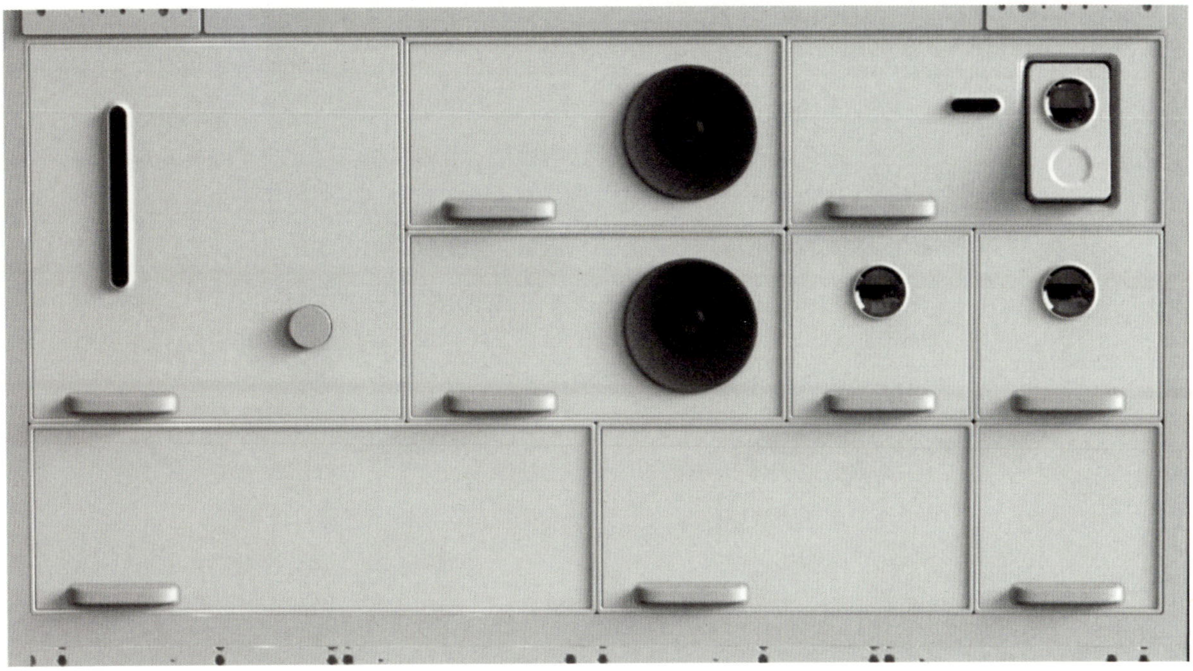

图7-47　小家电功能区

图7-48　设计灵感：乐高积木

四、家庭智能终端设备墙产品结构设计

进行产品结构设计时应与外观造型协调好，使其符合产品结构设计原则。首先应该明确产品性质与功能，调查研究相关的技术支持，为后续结构设计提供坚实的依据。在技术调查阶段，通过信息识别、信息处理、信息输出三种形式对产品庞大的功能体系进行划分。

本产品的产品信息识别形式包括触摸识别、语音识别、网络识别、蓝牙识别、人脸识别、空气质量检测、灯光模块；信息处理形式包括数据处理、储存库、空气净化处理；信息输出形式包括充电模块、声音模块、显示模块。通过这种形式对大量技术进行选择，其中应考虑技术能否落地，体量关系是否合理，成本是否符合目标人群等问题，确保产品功能真实可行。

1. 壳体设计

设计壳体时，往往为保证壳体的强度和刚度需要，以外壁越厚性能越好，然而实际上随着壳体壁厚增加，力学性能会明显下降。单纯依靠增加壳体壁厚是不妥的，应使用内部刻槽以及螺纹进行连接。将这些连接结构巧妙地隐藏在产品的内部或者背部，既能防止使用产品的时候产生划伤，又能保证外部的美观。如图7-49所示为主体外壳爆炸图，如图7-50所示为主体外壳底部爆炸图。

产品嵌入墙体放置时与家庭电源进行连接，因此，在壳体背面底部应考虑供电端口的安装问题。

2. 运动机构

移动设备充电仓滑轨（图7-51）拥有有线以及无线两种充电形式。可对家庭成员手机、耳机、平板、电子手表等进行收纳式充电，减少家庭充电位置不足以及电线杂乱的问题。

在进行抽拉式充电仓设计时，应着重考虑前后尺寸与产品整体厚度的关系，以及内部容纳电子设备的空间。这一简单的机械运动通过基础的抽屉划轨实现，抽屉正面的凹槽便于抽拉。

空气净化系统的动力系统，由电机带动旋转，将待过滤的空气从下方的进风口吸入，经过滤网过滤后，通过后部的通风管道送去设备上方的出风口。在设计过程中，对于市面上普遍的净化器内部结构进行学习研究，根据本产品的特点，选择用对称的两个风扇为空气净化提供充足风力，并改变了传统结构中的蜗壳结构，直接与向上的通风管道连接。应注意通风管道的密封性，以及产品内部的空间规划，为电线走线预留空间。如图7-52所示为空气净化风机爆炸图。

3. 电子元器件

屏幕区域的设计主要是电源板、摄像头、麦克风元件、电源开关、主板、网络模块、人脸识别模块等，如图7-53所示为屏幕区域电子元器件分布图。

（1）电容式触摸屏。电容式触摸屏是一种感应屏，由4层不同的玻璃组合而成，都涂有导电层。由于电子屏幕是用户与产品交互的主要形式，屏幕后方根据产品功能安装了各种电子元器件。而屏幕后部整体体量较大，元器件安装的位置皆有不同需求，通过电线相互连接。

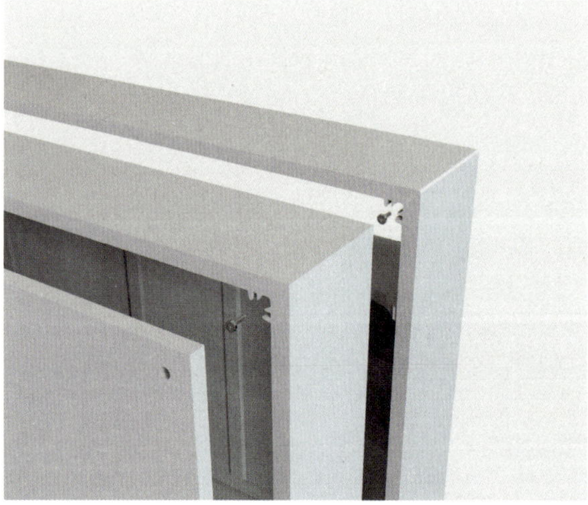

图7-49　主体外壳爆炸图

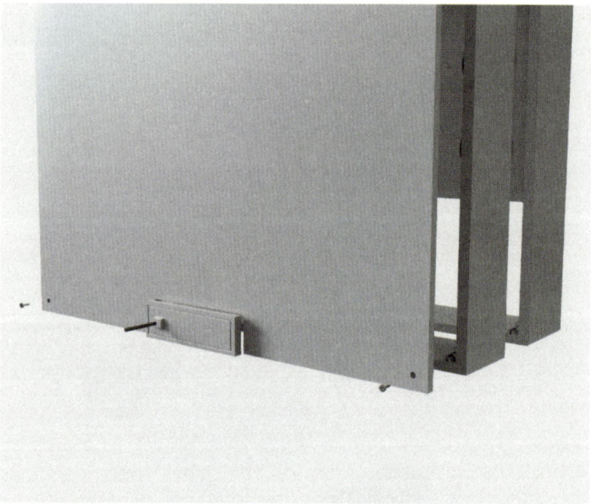

图7-50　主体外壳底部爆炸图

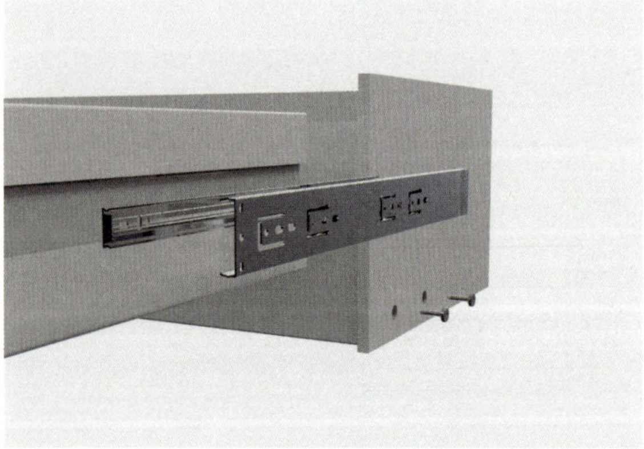

图7-51　移动设备充电仓滑轨爆炸图

图7-52　空气净化风机爆炸图

其中摄像头与人脸识别模块用于实现产品对用户的面部信息录入，位于显示屏的上部；电源板、主板对产品进行整体调控，并作为主要的信息处理和储存区域；实现用户的声音信息录入，呼唤智能语音助手的麦克风元件和电源开关，网络模块可一同安装在屏幕下方。

（2）空气净化系统。空气净化系统主要使用颗粒传感器、红外传感器、温湿度传感器等。

颗粒传感器能够对空气中存在的粉尘颗粒物进行检测，红外传感器对甲醛、苯、一氧化碳等气体具有极高的灵敏度。将它们安装在空气净化系统的进风口（图7-54），可对室内空气质量进行检测，并将空气质量信息运输至信息处理中心，通过交互页面展示给用户。

温湿度传感器能够通过特殊的检测装置，检测空气中的温湿度，并按一定的规律，变换成电信号或其他所需形式，进行信息输出，其位于设备上部出风口（图7-55）的出风挡板上。

（3）小家电充电区：光敏传感器。产品后部设有类似积木插槽的充电桩，便于小型家电设备的安装与收纳，并通过金属触电方式充电。每个充电桩配有一个充电触点板，连接至主体电源，并集成光

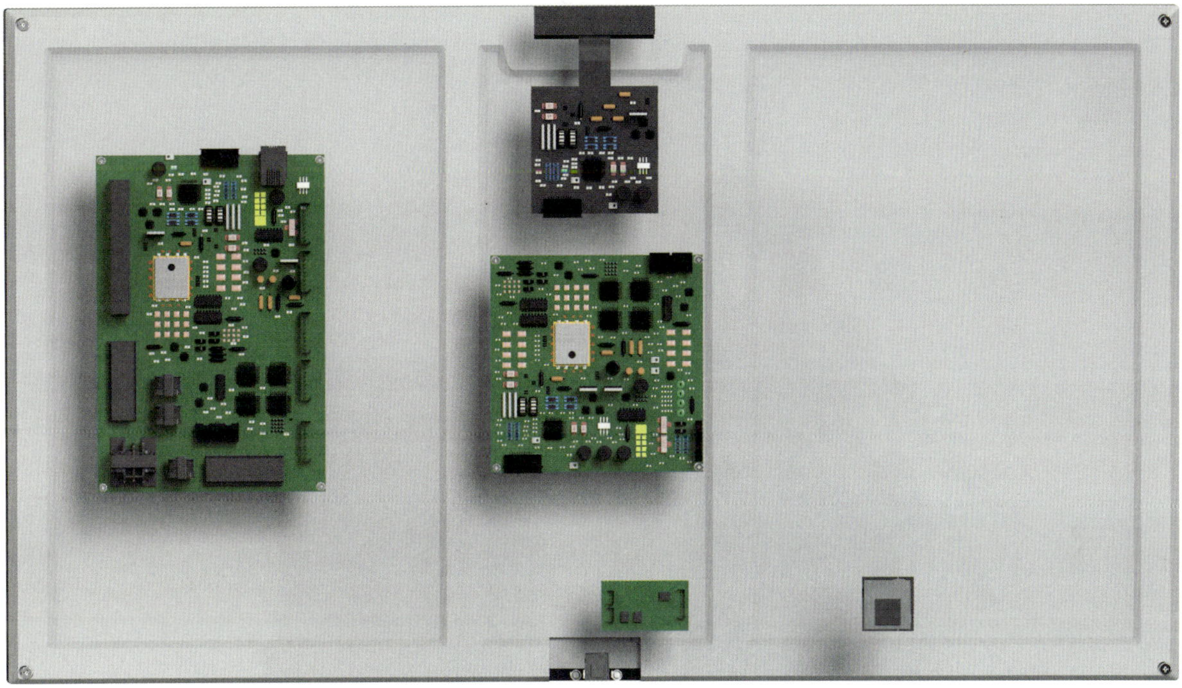

图7-53　屏幕区域电子元器件分布图

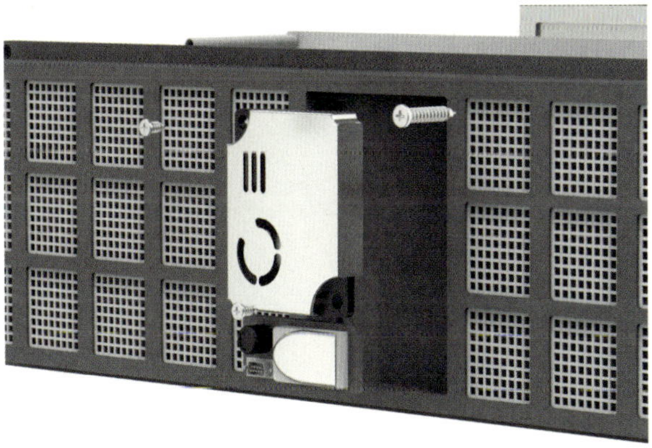

图7-54　空气净化系统进风口

图7-55　空气净化系统出风口

敏传感器。充电桩设有发光光带，帮助用户在光线昏暗的环境中快速定位，提升安装便捷性，同时具有一定的装饰效果。光敏传感器可感应环境光线变化，在光线不足时自动开启照明，为用户取用小型家电设备提供照明便利。如图7-56所示为小家电充电区的背面。

（4）四个小家电外壳部分以及元器件连接，尺寸、风格统一。在采用以积木拼插这种新形式进行收纳电器时，应首先考虑产品的体量关系，四种小家电的尺寸统一，可以将摄像头比喻为积木的基本单位1:1，而相应的音响与投影仪的比例为1:2，加湿器为2:2，这样家电可以在设备主体上自由拼插组合。

产品中涉及的四款小家电的基本功能与市面的普通产品相同，在查阅大量相关技术和结构资料的基础上，结合整体的使用特点对它们进行内部结构设计。

① 小型家电后部的凹槽中带有金属触点，用于小型家电充电，并储存在蓄电池内供取用时消耗，蓄电池连接电源板并通过电线与主板连接。

② 在家电外壳上安装了方便伸手取用的凸起把手。

③ 监控摄像头采用前后分模的方式，各壳体之间采用紧固件连接，各个元器件分别安装在固定的壳体上；智能摄像头拥有通过横轴转动、可调节角度的镜头，且投影仪元件通过螺丝连接在镜头上；加湿器壳体为前后结构，而内部设备上下相连，通过顶端的出气口可将湿气送出。如图7-57所示为加湿器爆炸图，如图7-58所示为摄像头爆炸图，如图7-59所示为音箱爆炸图，如图7-60所示为投影仪爆炸图。

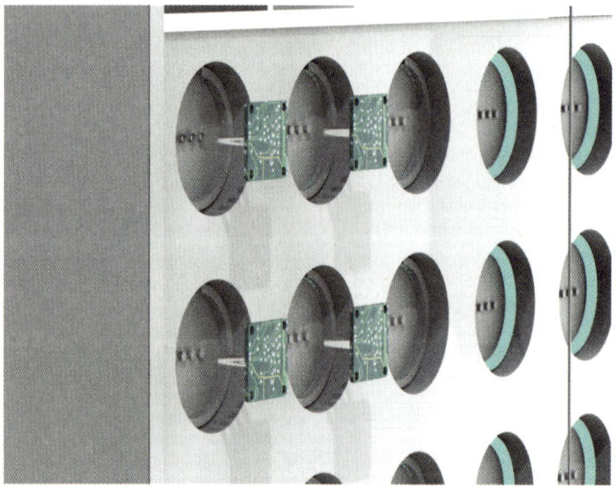

图7-56　小家电充电区背面

图7-57　加湿器爆炸图

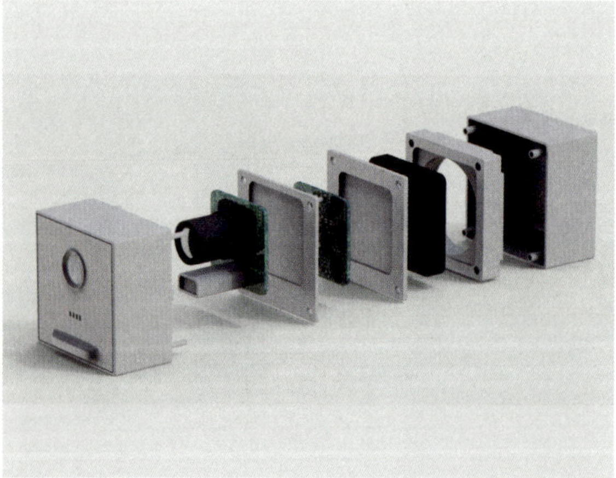

图7-58　摄像头爆炸图2

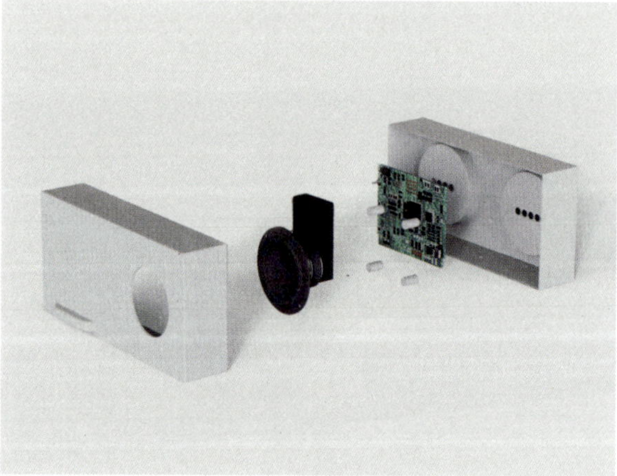

图7-59　音箱爆炸图

4. 固定与连接

该产品的固定与连接部分，可拆卸插座使用卡扣连接。导电部分在轨道里面，轨道外表面不带电，当把轨道插座的专用插座放入轨道时，就与轨道内的导电部分连通，成为一个可以正常使用的插座了。插座可以在轨道槽内自由移动，非常便捷。不再出现充电线缠绕的问题，并且可以按需增减插座数量。如图7-61所示为移动设备充电仓内的导轨插座。

扬声器、空气净化器进风口与出风口、充电仓抽屉等部分使用螺纹紧固件连接。螺纹紧固件是产品中最常用到的连接方式，具有稳定、易拆卸、易安装的优点。考虑到空气净化系统安装了各级滤网，需要定期更换，因此前盖应该便于拆卸。产品的球顶型扬声器和空气净化器的前盖采用了参数化孔洞的形式用于传声和通风，刚好可以通过前盖安装螺纹紧固件与装饰融为一体。移动设备充电仓需要一定的支撑用于安装抽屉滑轨并连接电线，为解决这个问题，可在外壳与充电仓抽屉之间增添挡板，并同样通过螺丝连接。如图7-62所示为扬声器爆炸图，如图7-63所示为充电仓抽屉背部爆炸图，如图7-64所示为空气净化器进风口爆炸图。

电子元器件主要使用胶粘连接。胶粘形式同样常见于一些重量轻并不再拆分的结构上，如电子屏幕与外框的连接，以及屏幕后各个元器件（图7-65）也可通过胶粘形式固定在屏幕后壳上。屏幕后壳由于体积较大容易断裂，通过凹凸形式可增强其稳定性。

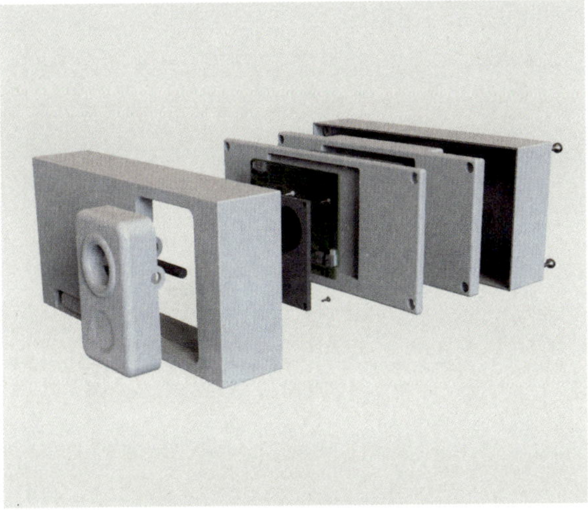

图7-60　投影仪爆炸图

图7-61　移动设备充电仓内的导轨插座

图7-62　扬声器爆炸图

图7-63　充电仓抽屉背部爆炸图

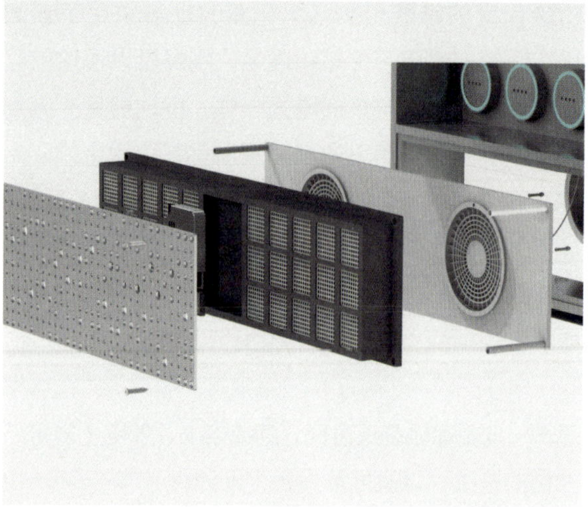

图7-64 空气净化器进风口爆炸图

图7-65 电子屏幕爆炸图

本章主要将前几章的理论研究、原则和方法以及产品结构设计内容，运用到两个设计课题中。

针对两个案例的信息产品选题进行深入调研和总结。在明确产品定位和基本功能后，进行产品造型的设计构思、创新点定位、交互页面设计等，并在调查研究各功能的技术与结构支持后，进行产品外部壳体设计、运动机构运行设计、电子元器件分布与各部件的固定与连接设计等，再通过数字建模等计算机辅助手段和整体的审验，最终完成信息产品案例的外形与结构设计。

ⓘ 思政与思考题

1. 对相关智能产品进行调研，进行外观和UI的相关设计。
2. 请选择一款智能产品，并说明其是如何体现科技创新支撑高质量发展的？

参考文献

[1] 黎恢来．产品结构设计实例教程：入门、提高、精通、求职［M］．北京：电子工业出版社，2013.

[2] 刘鸿文．材料力学：第6版［M］．北京：高等教育出版社，2017.

[3] 中国机械工业教育协会．金属工艺学［M］．北京：机械工业出版社，2001.

[4] 胡琳．工业产品设计概论［M］．北京：高等教育出版社，2006.

[5] 丁玉兰．人机工程学：修订版［M］．北京：北京理工大学出版社，1999.

[6] 陈立德．机械设计基础课程设计指导书［M］．北京：高等教育出版社，2007.

[7] 边守仁．产品创新设计：工业设计专案的解构与重建［M］．北京：北京理工大学出版社，2002.